· 超级思维训练营系列丛书 ·

奇思妙想一箩筐

QISIMIAOXIANG YILAOKUANG

李宏 ◎ 编著

通向知识的桥梁 —— ☆ —— 激发行为的种子

中国出版集团　现代出版社

图书在版编目(CIP)数据

奇思妙想一箩筐 / 李宏编著. —北京:现代出版社,
2012.12(2021.8 重印)

(超级思维训练营)

ISBN 978 – 7 – 5143 – 0995 – 9

Ⅰ. ①奇… Ⅱ. ①李… Ⅲ. ①思维训练 – 青年读物②思维
训练 – 少年读物 Ⅳ. ①B80 – 49

中国版本图书馆 CIP 数据核字(2012)第 275747 号

作 者	李 宏
责任编辑	刘 刚
出版发行	现代出版社
通讯地址	北京市安定门外安华里 504 号
邮政编码	100011
电 话	010 – 64267325 64245264(传真)
网 址	www. xdcbs. com
电子邮箱	xiandai@ cnpitc. com. cn
印 刷	北京兴星伟业印刷有限公司
开 本	700mm × 1000mm 1/16
印 张	10
版 次	2012 年 12 月第 1 版 2021 年 8 月第 3 次印刷
书 号	ISBN 978 – 7 – 5143 – 0995 – 9
定 价	29. 80 元

前　言

　　每个孩子的心中都有一座快乐的城堡,每座城堡都需要借助思维来筑造。一套包含多项思维内容的经典图书,无疑是送给孩子最特别的礼物。武装好自己的头脑,穿过一个个巧设的智力暗礁,跨越一个个障碍,在这场思维竞技中,胜利属于思维敏捷的人。

　　思维具有非凡的魔力,只要你学会运用它,你也可以像爱因斯坦一样聪明和有创造力。美国宇航局大门的铭石上写着一句话:"只要你敢想,就能实现。"世界上绝大多数人都拥有一定的创新天赋,但许多人盲从于习惯,盲从于权威,不愿与众不同,不敢标新立异。从本质上来说,思维不是在获得知识和技能之上再单独培养的一种东西,而是与学生学习知识和技能的过程紧密联系并逐步提高的一种能力。古人曾经说过:"授人以鱼,不如授人以渔。"如果每位教师在每一节课上都能把思维训练作为一个过程性的目标去追求,那么,当学生毕业若干年后,他们也许会忘掉曾经学过的某个概念或某个具体问题的解决方法,但是作为过程的思维教学却能使他们牢牢记住如何去思考问题,如何去解决问题。而且更重要的是,学生在解决问题能力上所获得的发展,能帮助他们通过调查,探索而重构出曾经学过的方法,甚至想出新的方法。

　　本丛书介绍的创造性思维与推理故事,以多种形式充分调动读者的思维活性,达到触类旁通、快乐学习的目的。本丛书的阅读对象是广大的中小学教师,兼顾家长和学生。为此,本书在篇章结构的安排上力求体现出科学性和系统性,同时采用一些引人入胜的标题,使读者一看到这样的题目就产生去读、去了解其中思维细节的欲望。在思维故事的讲述时,本丛书也尽量使用浅显、生动的语言,让读者体会到它的重要性、可操作性和实用性;以通俗的语言,生动的故事,为我们深度解读思维训练的细节。最后,衷心希望本丛书能让孩子们在知识的世界里快乐地翱翔,帮助他们健康快乐地成长!

目　录

第一编　换位思考篇

聪明的女歌手 ················· 2

倒过来的吸尘器 ··············· 3

蚂蚁认尸 ··················· 4

魏惠王上当了 ··············· 6

晏子善于动脑筋 ············· 7

摘最大的麦穗 ··············· 8

保姆换工作 ················· 9

初念浅,转念深 ············· 11

白纸的还原 ················· 12

让定子也旋转起来 ··········· 12

破冰灵活的"小海豚" ········· 13

老母亲终于笑了 ············· 14

一个洞引出多个洞 ··········· 15

您怎么会舍得呢 ············· 16

你信吗？只贷款 1 美元 ······· 17

肖像和匣子 ················· 18

奇思妙想一箩筐

睿智老妪与足下功夫 ·· 20

探险家的问题 ·· 21

5 分钟拿走决赛权 ·· 22

设置门铃按钮 ·· 24

第二编　换角度篇

最初的可口可乐 ·· 25

废纸变宝 ·· 26

环绕地球问题 ·· 27

骂出来的标签纸 ·· 28

"倒过来"诞生了温度计 ·· 30

刘福太闯关送情报 ·· 31

试验蜡烛反应 ·· 32

图书馆搬家 ·· 33

LED 投影 ·· 34

咦？10 元钱怎么飞了 ·· 35

什么金属 ·· 36

苹果里有"星星" ·· 37

怎么给网球充气 ·· 38

铁猫？金猫？ ·· 39

没常识的窃贼 ·· 40

怎么打赢的官司 ·· 43

聪明的脚夫根治懒马 ·· 44

天一法师安排 3 个弟子 ·· 45

船壁的秘密 ·· 46

您可以把房子租给我吧 …………………………… 48

两个儿子赛马 …………………………… 49

拼世界地图 …………………………… 50

被烧的香蕉 …………………………… 51

空城计 …………………………… 51

田忌赛马 …………………………… 53

不翼而飞的赎金 …………………………… 55

大毒疮可能会有生命危险 …………………………… 57

庄子话臭椿树 …………………………… 58

大葫芦 …………………………… 59

防不胜防的投毒 …………………………… 60

鲲化为鹏 …………………………… 62

拿破仑的象牙棋 …………………………… 63

露营帐篷被偷后 …………………………… 64

不攻自破 …………………………… 65

多米诺骨牌怪圈 …………………………… 66

狮子来了 …………………………… 67

去财主家转了一圈 …………………………… 68

巧沉木块 …………………………… 69

我坚信是乐谱错了 …………………………… 70

给灯泡算容积 …………………………… 71

雪花呢 …………………………… 72

巧分梨 …………………………… 73

季札评价晋国 …………………………… 74

一分为二的呼啦圈 …………………………… 75

为什么没赶我出去 …………………………… 76

侦探的洞察力 …………………………………… 77

圆珠笔不漏油了 ………………………………… 79

转笔刀诞生了 …………………………………… 80

发电机 …………………………………………… 81

可乐投毒 ………………………………………… 82

第三编　发散篇

咖喱和菲菲的谎话 ……………………………… 84

安全过河 ………………………………………… 85

旱冰男孩 ………………………………………… 86

白帽子和黑帽子 ………………………………… 87

哈佛大学校长体会人生 ………………………… 88

福　　娃 ………………………………………… 89

聪明的小王帆 …………………………………… 90

繁星满天怎么办 ………………………………… 91

阿柄买剪刀 ……………………………………… 92

雷鸣之夜 ………………………………………… 93

鲁国人到了越国能生存吗 ……………………… 94

生命与尊严的取舍 ……………………………… 95

计划取消了 ……………………………………… 96

漂亮的大公鸡 …………………………………… 98

我很委屈 ………………………………………… 100

理发难题 ………………………………………… 101

切分蛋糕 ………………………………………… 101

豆豆和爸爸去捉鱼 ……………………………… 103

汤姆摆瓶子 ……………………………………… 103

乒乓球新打法 …………………………………… 104

聪明的方法 ……………………………………… 105

和尚买梳子 ……………………………………… 106

寺庙赠梳子 ……………………………………… 107

寺庙"卖"梳子 …………………………………… 109

瓶子和硬币 ……………………………………… 110

我最佩服的前任市长 …………………………… 111

防盗绝招 ………………………………………… 112

缺瓣的牡丹花 …………………………………… 113

聪明的回答 ……………………………………… 114

深山藏古寺 ……………………………………… 116

铅笔的用途 ……………………………………… 117

不准离婚 ………………………………………… 118

握手之后 ………………………………………… 119

简易防盗锁 ……………………………………… 120

学生会选举委员 ………………………………… 121

电影说明书 ……………………………………… 122

两盘草莓饼 ……………………………………… 123

中国有多少个厕所 ……………………………… 125

多钻两个孔 ……………………………………… 125

纸片上写的什么字 ……………………………… 126

第四编　故事篇

啄木鸟医生 ……………………………………… 127

奇思妙想一箩筐

老猫和狐狸 ································· 129

驼鹿落网 ································· 130

瓦匠盖房 ································· 131

聪明的驴子 ································· 132

兔子种菜 ································· 133

乌鸦与鸽子 ································· 134

井蛙归井 ································· 135

猫头鹰练嗓子 ································· 136

蝉和狐狸 ································· 137

小白兔拔错了萝卜 ································· 138

科学家的逻辑 ································· 140

我做得有多好 ································· 141

鸡和珍珠 ································· 142

北风和太阳比赛 ································· 143

猴子与野鸡 ································· 144

好战的石头 ································· 145

双料刺客 ································· 146

圆梦的蚕 ································· 148

第一编　换位思考篇

引　子

同学们，你想不想将自己的视野变得开阔？如果是，那么就需要我们换个角度来看问题，这样就可能远离片面和主观。打个比方，我们站在山脚下看山顶，肯定看不清楚上山的路，但是，到了山顶看山下，我们会看到上山的路其实有很多。这个例子说明，在不同角度看，同样的问题会有不同结果。

也就是说，换位思考使我们看待问题会多一些判断的依据。

同学们在生活、学习遇有矛盾时，如果能多站在对方的立场上考虑问题，换位思考，就可能在很大程度上化解矛盾，许多矛盾就迎刃而解了。

来吧，换位！让我们大家尝试站在别人的角度思考问题，看看我们是不是学得更多、进步更快！

奇思妙想一箩筐

聪明的女歌手

丁零零——上课了，老师给同学们讲了一个很有趣的故事：

有个著名的女高音歌手，家的后院是个美丽的大花园。每到周末休息，来这里郊游的人太多，但是每次都会留下一片狼藉。家里的保姆曾想尽办法来制止，可每个方法对大家都无济于事。聪明的女歌手想了一个主意，她写了一块牌子，立在大花园的门口。还真起作用，自那以后，人们还真的不再进花园了。

老师讲完了故事，问同学们："大家猜一猜，聪明的女歌手在牌子上写了什么呢？为什么小小的一块牌子能有那么神奇的力量呢？"

同学们纷纷举手回答。

有的说："我知道，写上了——本园不对外开放。"

老师摇摇头。

有的说："我知道，写上了——进园罚款 10 元。"

老师也摇摇头。

也有的说："我知道，写上了——园内有猛兽，请勿进入，咬伤概不负责！"

老师还是做出否定的表情。

最后，老师微笑着说："牌子上写着：如果在园中被蛇咬伤，距此最近的医院有 50 多公里，驾车要半个小时。"

"啊！太聪明了哦！"同学们对女歌手的智慧无不称赞。女歌手没有冷冰冰地写上"禁止入内"等严厉的话语，而是把头歪歪换个角度，对私自闯入者给予了善意的提醒，这样的话语足以起到让人望而却步的效果。

奇异风向标：大家都知道动物园里的动物是供游人观赏的，动物园的常规做法大都将动物关养在笼子里。但是，野生动物园里的动物，不再是关在笼子里而是散养的。这种方式下的动物会有伤害人的可能性。怎么办？既要防止凶猛动物可能对游客的袭击和伤害，又要满足游客近距离观赏动物自然生态的要求，于是，动物园的管理者，把头歪歪开动脑筋，做了一下换位思考：让游人坐到封闭的汽车内参观游玩！一举两得，游客们既安全又能观赏到动物了，自然会别有一番情趣的。

这个例子告诉我们，在生活和学习中，如果突破常规，换一个角度去思考，就会给自己打开更多的通向成功的门！

倒过来的吸尘器

英国的布斯是个工程师。20 世纪初，他到伦敦帝国音乐厅，来参观美国车厢除尘器示范表演活动。

除尘器在当时还是很少见的，这样的示范表演，招引来许多围观市民。表演的内容，主要是用风把灰尘吹走，呵呵，周围的观众被吹得满身灰尘。人们高兴而来，却败兴而归。

看过表演后，布斯心想：吹灰尘看来行不通！能不能把头歪歪，转个方向，把吹尘改为吸尘呢？

布斯回到家里，他先找来一个小手绢，用来捂住自己的鼻子和嘴，然后就趴在地上，瘪着肚子用嘴猛力吸气，果然，灰尘不再漫天飞舞了，都附着在手帕上了。

布斯认为做示范表演的那种吸尘器，主要是用压缩空气把尘土吹

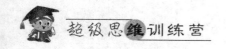

入容器内，但是，事实上许多尘土并没有被吹入容器内，所以他觉得这种做法并不高明。布斯决定，反其道而行之，用吸尘法能解决这一矛盾。

它的制作原理就是：用强力电泵把空气吸入软管中，然后再通过布袋，将灰尘过滤。同学们，看看家里的吸尘器吧，我们用的都是真空吸尘器，完全是根据这一原理设计出来的。

奇异风向标：布斯把头歪歪，采取换个方向的办法——"倒过来"，于是发明了今天的吸尘器。同学们，在我们的学习和生活中，常常会碰到许多似乎难以逾越的障碍，比如，解一道数学题，当我们用常规的方法难以解决的时候，是否学会让思维转个身——倒过来试试，或许会使你茅塞顿开！

思维小故事

蚂蚁认尸

一日，夫妻俩争吵，丈夫顺手操起桌上的汽水瓶照着妻子的头砸去，当他挥起瓶子打向妻子时，喝剩的半瓶汽水浇到妻子的肩头，把妻子穿的罩衫弄湿了一大片。然而，当他想要举手再打时，发现蜷缩在地上的妻子已经不动了，她的太阳穴被打破，鲜血流了一地。妻子这样轻易地死去，使他一时不知所措。但他马上又冷静下来，考虑善后处理。他把尸体装进汽车的后备厢，将其扔到了郊外的一个公园里。幸亏深夜里公园没人，他将尸体放在花坛边，要离开时，猛然想起忘了把凶器——汽水瓶也带来。为了伪装现场，他从附近的垃圾箱里找

来一个汽水瓶子，还是个刚扔不久的新瓶子。

"就把它当凶器吧！如果留有谁的指纹就该他倒霉，肯定会被当作凶手的。虽然是不同厂家的产品，但瓶里的汽水总会是一样的吧。"他为了不留下自己的指纹，拾起空瓶子后，又往瓶子上弄了些死者的血，然后将瓶子扔到死者脚旁。

当第二天尸体被发现时，死者所穿罩衫的肩膀处已聚集了一大群黑蚂蚁。

"为什么蚂蚁只聚在尸体的肩膀处呢？"现场勘察的刑警觉得很奇怪。

"一定是用这个汽水瓶打人时，瓶里的汽水洒到了死者的肩膀处。汽水都是白糖做的甜水。"鉴定员说着从尸体旁边拾起空瓶。"哎呀！奇怪了，瓶子这儿一只蚂蚁也没有啊！"说着便歪着头看汽水瓶上的商标，"凶器不是这个瓶子，可见，尸体一定是从别处转移到这里

— 5 —

的。"他果断地下了结论。

那么，为什么鉴定员只看了一眼商标就知道现场是凶手伪造的呢？

参考答案

扔在尸体旁的空瓶贴的是人造糖精的商标，而蚂蚁是不吃人造糖精的。因为案犯作案用的汽水瓶装的是用白糖或果糖一类天然糖料制造的汽水，所以罩衫上洒有含有糖分的汽水处才会聚集很多蚂蚁。

魏惠王上当了

孙膑是战国时的军事家，一天，他到魏国去，因为他觉得在本国的职位不合适。可是，魏惠王是一个心胸比较狭窄的人，并且看孙膑很有才华还很嫉妒，就故意刁难他，说："孙膑，我听说你挺有才能的，那我倒要看看，是真还是假的了。如果今天你能让我从我现在的座位上走下来，那么我就任用你为将军，如何？"魏惠王心中暗笑：你孙膑再有本事，我今天就是不起来，看你能把我怎么样！

孙膑想：这招可是够损的啊，你魏惠王偏偏赖在座位上，我总不能一把把你拉下来吧。你不是就想通过把皇帝拉下来来定我的死罪吗？

怎么办？如何才能让他自动走下来呢？于是，孙膑把头歪歪，转动脑筋后，对魏惠王说："大王，我真的没有办法让您从宝座上走下来，可是，大王，我却有办法使您坐到您的宝座上去。"

魏惠王心想：耍什么花招呢？这还不是一回事吗！我倒想看看，你孙膑怎么说，我就是不坐下，看你有什么办法？魏惠王心中暗喜，从座位上走了下来。

孙膑马上说："大王，我现在虽然没有办法使您坐回去，但我已经使您从座位上走下来了，不是吗？"

魏惠王恍然大悟，知道自己上了孙膑的当了，只好履行诺言，任用孙膑为将军。

奇异风向标：同学们，你是不是也佩服孙膑这位著名兵法家了，智商就是高嘛！同学们，大家在认识事物的过程中，是同时与事物的正反两个方面打交道的。但是，我们往往只看其中的一方面，而忽视事物的另一面。但是，我们如果把头歪歪，将正常的思路逆转一下，就可能会有新的发现。在你的生活当中，如果遇到解决不了的问题，不妨学一学孙膑，这样可以提高你的智商呦！

晏子善于动脑筋

在我国古代，齐国和楚国在春秋时期算是比较大的两个国家。一次，齐王因国家大事派大夫晏子出使楚国。大家都知道知道晏子是非常聪明的人，但是他身材矮小。楚王就故意想刁难这位才子，叫手下人在城门旁边开了一个 5 尺来高的大洞，然后想在一旁看热闹。

晏子来到了楚国。楚王故意叫人把城门关上，让晏子从洞口钻进，然后才谈国家大事。

晏子并没有生气，而是看了看洞，对接待他的人说："诸位，这明明是个狗洞，哪里是城门呢？大家都知道的，只有访问'狗国'，才会从狗洞钻进去。不急不急，我呢，先在这儿等一会儿。你们先向楚王问明白，偌大的楚国，究竟是个怎样的国家呢？"

接待的人飞快地将晏子的话报给了楚王。楚王感到很没面子，不得不吩咐将城门打开，迎接晏子进城。

奇思妙想一箩筐

— 7 —

奇异风向标：同学们，我们看到了晏子非常聪明，楚王本来想要侮辱晏子，但是晏子转动脑筋，把头歪歪，换位思考，以"针尖对麦芒"的方式，语言委婉，机智善辩，巧妙斗争，反而让楚王搬起了石头砸了自己的脚。

外交事宜牵涉国格，是丝毫不可马虎的。晏子的聪明机智、能言善辩，维持了国格；他的勇敢大胆、不畏强权，更维护了个人的尊严。

同学们，晏子能赢得这场外交胜利的原因，除了他不卑不亢、有理有节、用语委婉之外，主要是他头脑清晰、换位思考、不失礼节，捍卫了国家的尊严，使得他强烈的爱国情怀得以充分表现。在生活和学习中，我们要人人学会换位思考，换位思考是人类社会得以存在和发展的基础。"己所不欲，勿施于人"，我们希望别人怎样待我们，必须先怎样待他人，只有互相体谅，我们的家庭才会和睦，社会才能和谐。一个班是一个利益共同体。我们不能用自己的左手去伤右手，我们是同一棵树上的叶和果。要学会互相体谅和帮助，其中换位思考是互助的前提。

摘最大的麦穗

柏拉图是古希腊哲学家苏格拉底的弟子，他和两个同窗曾向苏格拉底求教——怎样才能找到理想的好伙伴。

苏格拉底没有直接回答弟子们的问题，他带着3个徒弟来到一片麦田地，让弟子在麦田里每人选摘一支最大的麦穗拿在手中，但是有条件，就是不能走回头路，还有就是只能摘一支。

那两个弟子中的一个，刚走几步就摘了自己认为最大的麦穗，结果后悔地发现，前面还有比手里这支还要大很多的麦穗呢。

另外一个弟子，从一开始就左顾右盼，东挑西拣的，一直挑啊挑，挑到了终点才发现，后面几个最大的麦穗被自己错过了。

柏拉图吸取了两位同窗的教训，在走过麦田的 1/3 时，就已经将麦穗分出大、中、小三类了。柏拉图再走麦田的 1/3 时，开始验证自己的选择是否正确。到了麦田的最后 1/3 时，柏拉图选择了属于大类中的一支美丽的麦穗，采摘在手中。

苏格拉底点了点头。

奇异风向标： 其实，同学们，从麦穗理论里面，我们更应该学会把头歪歪，换位思考。当我们手握麦穗在麦田里寻找下一个更大的麦穗时，同样的，我们也是别人手中的麦穗！我们也被某个人攥在手里，站在麦陇上，左顾右盼，那双寻找更好伙伴的眼睛，迷失在一片金黄的同类之中，唯恐自己失去那支最大最好的麦穗，而结果呢？到最后，我们只有仓促采摘。

保姆换工作

从前有个非常有钱的大富豪，一直喜欢吃有滋有味的食物。富豪家的厨房很大，雇佣了好几个保姆。他给每个保姆都分好了工，挑水的、洗菜的、切菜的、煮食的、烧柴的，每人各有分工。

这些保姆天天做着相同的事，由于工作简直是太单调了，时间一久，产生了厌烦的情绪，每个保姆都认为他人的工作新鲜有趣又容易，做事也不像原来那样负责了。

怎么办呢？有一天，大富豪突发奇想，让大家交换工作，都来尝试别人工作的滋味。

等真的交换了工作以后，大家一阵手忙脚乱，很不适应。挑水的去切菜，结果被刀子划破了手指；煮菜的去生火，结果火就是生不起来，还弄得满屋子烟；烧菜的换成去挑水了，结果一不小心滑了一跤，水全洒了不说，自己还摔了个四脚朝天惹得大家笑；洗菜的换工去煮饭，结果煮出一锅半生不熟的夹生饭。

这顿饭当然没做好，每个人都挨了一顿责骂。接受这次教训后，再也没人对工作不满了。

大富豪对大家说了有指导作用的两句话是：

大家要把自己当成别人，

大家要把别人当成自己。

大家要把别人当成别人，

大家要把自己当成自己。

奇异风向标：大富豪对大家说的第一句话和第二句话，意思是人与人之间要相互体谅，在把自己当成别人的同时也要把别人当成自己。这实际上就是要大家把头歪歪，进行一种换位思考，要求大家对于别人的苦衷要能够体谅，对自己的行为也要站在别人的角度来考虑。

同学们，在我们的学习和现实生活中，每个人肯定都有自己的利益，每个人都会从自己的角度来看问题，这是肯定的，那么立场肯定也就不同，这样就会产生矛盾。一旦有了矛盾，同学之间就会难以相互理解了。如果能够把头歪歪，跳出这种思维模式，学会从对方的角度看自己，就会发现和原来正好相反的境况，这样有助于用聪明的大脑塑造并还原了一个公平的世界。

初念浅，转念深

司机汤姆想将汽车停进一个拥挤的停车场内。他好不容易才找到一空位，不想杰克的汽车从他后面抢上去，占了汤姆想占的那个位置。汤姆和杰克争吵了起来。杰克身材魁梧，他举起拳头，将汤姆打倒在地，然后气愤地走开了。

汤姆擦净脸上的血迹，垂头丧气地回到车中，心中非常气愤。趴在车里平静片刻，他刚要下车，看见杰克又朝他走来，汤姆的心一阵哆嗦。

"先生，对不起，我是来道歉的。我想告诉你的是：我曾经工作在布鲁克林海军船厂，但是现在倒闭了，今天被解雇了。我在那里工作了多年，这样的下场让我的心很乱，刚才对您失去了理性，做出了伤害您的举动，希望您能接受我的道歉！"汤姆被杰克的一席话打动了，不再生气了，并对杰克的遭遇深表同情。

奇异风向标：这个抢车位的故事，告诉我们一个道理：就是任何事情的发生自有它发生的原因，但实践中我们经常不会去想。我们都是普通人，当我们受到伤害之后，产生情绪是本能的反应。需要我们做的是，当我们有了情绪之后，把头歪歪，换个角度想想：或许对方正面临人生的重大困境或抉择，是因为他们本身存在的不良情绪才导致了那些不愉快的事情发生的，不会是他恶的本意的。

曾经有这么一句话："初念浅，转念深。"第一个念头往往是对事件的情绪反应，通常较肤浅，也容易造成误会；但一转念，脑海里会为对方找寻可能的理由。如此，心情就会立刻转变的，愤怒也就慢慢地化解了。把头歪歪，换个角度思考，能够避免很多不必要的纷争。

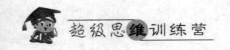

"初念浅，转念深"，在遇到不良情绪时，同学们记住了吗？把头歪歪转念一想，心头就会出现柳暗花明的情境。

白纸的还原

日本是个经济强国之一，尤其是工业飞速发展，但是日本资源贫乏，这样就造就了一个十分崇尚节俭的民族。

开始有复印技术之后，复印机大量单页复印。但是在日本，发明出一张白纸正反两面都利用起来复印，这样一张顶别人的两张用，从纸张消耗上来说，日本就比其他国家节约了一半。但是日本科学家，环保和资源意识强烈，他们不满足现状，又发明了一种还原白纸的机器，已经复印过的纸张，通过这台机器以后，上面的油墨痕迹就会消失，重新还原成一张白纸。太神奇了，这样一来，一张白纸可以重复使用许多次，在创造了财富的同时，还节约了有限的资源。

奇异风向标：同学们，真的是日本人比别的国家的人聪明吗？不尽然，主要是日本科学家不满足现状，善于把头歪歪，换角度思考，研究同类产品的开发潜力和价值利用。他们善于开动脑筋，善于换角度思考，把先进的科学技术运用到产品的创新上，在纸张和机器的用途上下功夫。同样的道理，在我们的学习中，如果我们善于把头歪歪，善于动脑筋，既可以节约出很多时间，同时还能提高大家的学习效率。

让定子也旋转起来

苏卫星是中国科学与艺术研究院副院长兼科技创新研究所所长，

是我国著名的发明家之一。

早在1994年，他发明了两向旋转发电机，获中国高新科技杯金奖。这是一种转子与定子同时向相反方向旋转的装置。发电机具有两套转动装置。由于转子和定子同时向相反的方向转动，就使得切割磁力线增加，发电效率倍增。这样就使得新型设备用处更广，可用于所有有风的地区，而且发电量大、耗能少。因为此项发明价值巨大，联合国TIPS组织开始关注此项发明，1996年，丹麦某大公司曾愿出资300万元人民币买断其专利。

奇异风向标：两向旋转发电机的发明，原理就是逆向思维。发电机的构造，都是有一个定子和一个转子，定子不动，转子转动。但是苏卫星发明的两向旋转发电机，定子也转动，发电效率比普通发电机提高了4倍。苏卫星把头歪歪，转动脑筋，让定子也旋转起来了，神奇地"转出"了"两向旋转发电机"！这不正是反向思考问题的结果吗？同学们，有的时候我们是不可小看换位思考问题的威力的！

破冰灵活的"小海豚"

同学们，听说过破冰船吗？传统上那种破冰船，主要是依靠自身的重量去压碎冰块，这样就要求船的头部的制作材料具有很高的硬度。

但是那样就会显得十分笨重，尤其是在转向上格外不方便。这种破冰船最害怕侧向漂来的水流。

俄罗斯科学家在这方面开始大动脑筋，传统上是向下压冰，他们改为向上推冰，方法就是将破冰船潜到水下，然后，在浮力的作用下，在冰下向上破冰。

新的破冰船在设计上也显得非常灵巧，而且大大地节约了原材料。这样就不再需要原来那样大的动力装置，同时也大大地提高了自身的安全性能。

在遇到较坚厚的冰层时，新的破冰船破冰效果非常好。远远看去，破冰船就像一只可爱的小海豚一样，上下起伏地前进着。人们都说这种破冰船在这个世纪是最有前途的呢。

奇异风向标：俄罗斯科学家能够在破冰问题上把头歪歪，想出"变向下压冰为向上推冰"，善于反向思考。同学们，我们看到，在创造发明的路上，学会换位思考，可以创造出意想不到的人间奇迹！在平时，我们也要学会在问题面前把头歪歪，换个角度思考，可能就会出现新的灵感哦。

老母亲终于笑了

在我国古代，曾经有这样一位母亲，她有两个很有出息的儿子。老人的大儿子是染布作坊的老板，小儿子主要经营雨伞生意。

奇怪的是，这位老母亲每天都一副愁眉苦脸的样子。有这样的儿子，一般人都是高兴才对啊，为什么她却不一样呢？

原来，老太太有自己的担忧。雨天，大儿子染的布就会因为缺少太阳而没法晒干。可是晴天，老太太又担心小儿子做的伞没人买，影响小儿子的生意。

好心的邻居看她总是这样的心态，就来开导她说："你可以这样想啊，雨天，你小儿子高兴啊，他的伞会卖得很火。相反，等到晴天的时候呢，你大儿子染的布没多久就能晒干了，对你大儿子不是也很有利吗？"

从此，老人眉头舒展开了，每天都眉开眼笑，不管是雨天还是晴天。

奇异风向标：同学们，我们看到，这位老母亲在邻居的规劝下，学会了把头歪歪的逆向思维。逆向思维方式具有求异性，对司空见惯、似乎已成定论的事物或观点，把它反过来去思考。也就是反其道而思之，从问题的相反面深入地进行探索，让思维向良性的方向发展，在思想上做到创新和突破。

对很多事物进行正向思考没结果，我们就反过来思考一下，也许这样把头歪歪，就能得到满意的结果呢。

同学们，我们要学会从正反两个方面思考问题和判断事物。把头歪歪的逆向思维习惯，有利于同学们今后的学习和工作，并提高同学们的应变能力和创新意识。

一个洞引出多个洞

张老板开了一个时装店，自己当起了经理。今天不妙，朋友聚会多喝了几口，回来后他坐在店里吸烟。可是，他一不小心将一条高档商品呢裙给烧了一个洞，这下坏了，裙子的价格会降低很多的。

用织补法来补救吗？恐怕不行，那只能蒙混过关，是欺骗顾客的行为，这与张经理的经营作风相违背。

张老板将烟掐灭了，酒也醒了，他闭着眼，把头歪歪，突发奇想。他睁开眼睛，有了！干脆在小洞的周围再多挖一些小洞，然后进行精美的修饰。张老板看着裙子，特别像孔雀，干脆起名为"凤尾裙"。这一招，将死板的变成灵巧的，变无用为有用。为"凤尾裙"大大打开了销路，张老板的时装店也借此开始出了名。

奇异风向标：把头歪歪，逆向思维，给张老板带来了可观的经济

— 15 —

效益。如今的人们，大都追求华丽的装饰，在造型上都较为夸张，在张扬自己的个性的同时，来满足自己的爱美心理，也就是同学们听到的"潮"。但是很多设计师经常会把头歪歪，进行换位思考，转向了简约和朴实，寻找另一种清新的境界。可见，在创作理念上，把头歪歪，打破常规，"换个角度看世界"，可能会取得意想不到的效果。

您怎么会舍得呢

这节课是化学课，老师讲得很累，但是学生们并不感兴趣。突然，老师掏出来了一枚金币，指着实验桌上的玻璃容器中的溶液说："同学们，刚才我已讲过这种溶液的性质了，现在我把这枚金币扔进去，大家猜想一下，这枚金币会不会被溶化掉？"

同学们沉默了，你看着我，我看着你，谁也说不上来。

"老师，我知道，肯定不会的！"忽然，坐在第一排的哈利站起来大声地说。

"非常正确，你回答得对！"老师高兴地摸着哈利的头说，"哈利，我想今天的课你一定听懂了。"

哈利低下头说："老师，其实我也没太听懂。"

老师惊讶地问："那你怎么知道金币不会被容器里的液体溶化呢？"

哈利回答说："老师，如果这枚金币能被溶液溶化的话，我想您怎么会舍得把这么昂贵的金币投进去呢？"

奇异风向标：同学们，虽然这是一个小幽默，但是，在生活中，我们学会把头歪歪，学会了换位思考，就会确确实实地多一分智慧、多一分理解。换个角度可以使同学们变得更加聪明的。

你信吗？只贷款 1 美元

有个犹太大富豪来到一家银行。你猜他干吗去了？

贷款部营业员问："先生，请问您有什么事情需要我们做吗？"

营业员小心地询问大富豪，并打量着他的穿着——身上穿着名贵的西服，脚穿高档的皮鞋，手上戴着昂贵的手表，胸前还有镶宝石的领带夹子……

"哦，我想借点钱，可以吧？"

"当然可以了，你只管说数额，借多少呢？"

"呃，1 美元。"

"什么？只借 1 美元？"

贷款部的营业员张大了嘴巴，惊讶得不敢相信。他眨眨眼睛，大脑高速运转起来，心想：这人穿戴这样阔气，他怎么会只借 1 美元呢？估计是上面派人来试探我们的工作质量和服务效率。

于是营业员装出高兴的样子说："当然了，先生，只要有担保，无论借多少，我们都可以借给您的。"

"好。"犹太人不慌不忙地从地上拿起自己的豪华皮包，"哗！"倒在柜台上一大堆股票和债券："我可以拿这些做担保吗？"

营业员立刻进行了清点，"做担保足够了，先生，总共 50 万美元。不过，先生，您确定就只借这 1 美元吗？"

"是的，我只要 1 美元，没有问题吧？"

"可以，我们办理手续，年息为 6%，只要您付 6% 的利息，只要您在一年后归还贷款，我们就会把这些作保的股票和证券还给您的……"

犹太大富豪走了，银行经理一直在旁观，整个过程都看到了，但是经理怎么也弄不明白，一个大富豪，拥有 50 万美元的人，他跑到银行来，只借 1 美元，他要干吗呢？实在想不通啊，经理追了上去，问道：

"先生，打扰了，我能问你一个问题吗？"

"当然，问吧。"

"我是本银行的经理，有一事不明白，想请教你，你拥有 50 万美元的家当，为什么只借 1 美元，好像很让人想不通啊！"

"哦！就这个问题啊！我可以告诉你实情。我来这里就为一件事，就是我随身带着票券太不方便了。一路上，我过几家金库，想租个保险箱，但租金太贵了。正好走到你们行，脑筋一转，将这些东西以担保的形式寄存了不是很好吗？由你们替我保管，关键是利息很便宜，存一年才多少？哈哈！才 6 美分……"

经理终于明白了，但他十分钦佩这位富豪，佩服他高明的做法。

奇异风向标：同学们，我们看到，这个大富豪目的是寄存，既希望省钱，同时还要保证寄存物品的安全，但是保险系数与租金的高低是成正比的。这位犹太富豪把头歪歪，跨越了常人的思维，改变了惯常思维方向，就将"租金"减少到最低点。大家看是不是很高明啊！

思维小故事

肖像和匣子

智慧的公主玛丽安要结婚了，她决定为自己选一个聪明的夫婿。老国王为了满足女儿的要求，让大臣们出了一些题，准备考考前来应征做公主夫婿的人。但是，玛丽安觉得这些题都不够好，于是她自己出了一道题，题目是：金、银、铅3只匣子。只有一只匣子里放着她的肖像，匣上面各刻着一句话。

金匣子上刻的是：肖像不在银匣中。

银匣子上刻的是：肖像不在此匣中。

铅匣子上刻的是：肖像在此匣中。

玛丽安说，这三句话中至少有一句是真话，同时也至少有一句是假话。来应征的人，谁能根据这些条件猜中肖像放在哪只匣子里，自己就嫁给谁。

一个名叫拉谢尔的年轻人很快就得出了答案，他将答案告知了公主，得到了公主的欣赏，顺利地娶了公主为妻。那么，拉谢尔的答案到底是什么呢？

奇思妙想一箩筐

按照公主玛丽安所说的，既然三句话中至少有一句为真话，那么假设金匣子上面的话为真，银匣子的话也为真，铅匣子上的话不确定真假，根据题意必有一句话为假，则铅匣子上面的话为假，所以肖像在金匣子里，讲得通。若银匣子上的话为真，则金、银匣子上的话必然为假，不符合题意。所以肖像在金匣子里。

睿智老妪与足下功夫

吉米已经退休了，不想在喧闹的市区居住了。她很想找到一个安静的地方居住，并且还要有些文化氛围。最后吉米老人在学校附近买了一间简陋的房子，住下下来。她可满意了，因为这个居所很符合她的意愿。

前几个星期真的很安静，3个星期之后，就有几个学生开始在附近踢垃圾桶打闹。老人来这里居住本想图个清静，这没过几天就出现了噪声，她想了想，决定跟年轻人谈一谈。

"小伙子，看出来了你们玩得真开心。"她说，"看到你们开心，我也喜欢也高兴。如果你们每天都来踢垃圾桶，我就像发工资一样，每天给你们每人一块钱。"

几个学生很高兴，为了能领到工资，狠命地表演"足下功夫"。

3天过去了，老人吉米发愁地说："唉！通货膨胀都波及到我了，从明天起，我只能给你们降低工资了，每人发5毛钱。"

几个同学显得不大高兴，但还是接受了吉米的降价条件。他们每天继续去踢垃圾桶，但是足下的功夫减弱了。

一周后，吉米老人又对这几个同学说："养老金支票到今天我还没有收到，对不起了，孩子们，明天起我只能给你们每人两毛了。"

"多少？才两毛钱！"非常卖力气的那个同学气得脸色发青，说，"我们才不会为这两毛钱浪费宝贵的课间 10 分钟，在这里为你表演呢！走了，不干了！"

自那以后，吉米老人又如愿以偿地过上了安静的晚年生活。

奇异风向标：同学们，你看了睿智的吉米老人巧妙地阻止淘气学生的故事，得到的启发是什么？对了，是吉米老人善于把头歪歪逆向思维，管理血气方刚的学生，强制性的命令只会适得其反，变换一下角度，把面子给足他们，才能将其控制在股掌之中，事情的结果才能按照自己的意愿发展。从事物的相反方向进行思考，当正面解决手段受阻，就变换思考角度，将事物的缺点变为可利用的东西，化被动为主动。吉米的缺点逆用思维法，在我们的日常学习和生活中也可以尝试去用的。

思维小故事

探险家的问题

鲁道夫是一位热爱探险的探险家，一天，他来到了一个村庄。据说，这个村庄里经常有猛兽出没。而村子里住着两个比较怪的族群——老实族和骗子族。鲁道夫想知道他到达村子的这一天，村里有没有野兽出没。于是，他就去问一个村民，通过一个问题就知道了村里

到底有没有野兽出没。

那么，鲁道夫到底问了什么问题呢？

参考答案

鲁道夫的问题其实并不复杂，他问的是："如果我问你'今天没有猛兽出没吗？'你会回答'是'，对不对？"

5 分钟拿走决赛权

有一次，欧洲男篮半决赛在保加利亚队和捷克斯洛伐克队之间进行。这场比赛异常激烈，因为两队队员的实力相当。

还差 8 秒比赛结束，目前是保加利亚队领先两分，看来该队已是稳操胜券，因为这次还是保加利亚队底线发球。

令大家非常费解的是，保加利亚队的教练看上去却是很有心事的样子，相反，捷克斯洛伐克队的教练非常开心，神清气爽的。为什么会这样呢？

原因是这样的，保加利亚队的其他场次的小分与捷克队差得很远，这就造成了本场比赛只有净胜捷克斯洛伐克队 5 分，保加利亚队才能出线。这一重任的实现必须在这 8 秒内打进 3 分，简直是比登天还难啊！

突然，保加利亚队的教练果断地要了暂停，对自己的队员进行面授，简短时间后，比赛继续进行。

经过教练的面授后，队员从底线发球，两位保加利亚队员将球带往中场，由于在最后决定胜负关键的时刻到了，5 名捷克队员不约而同地退回到自己的半场进行防守。

出乎大家的意料之外，带球的保加利亚队员一个大转身，纵身一跳，将球投中篮筐。漂亮！裁判的哨音同时吹响——双方战平。根据篮球比赛规则，需要加赛 5 分钟！

保加利亚队员在最后 5 分钟全力拼搏，最终以 5 分的优势获胜，拿到了决赛权。赛场内外的人们恍然大悟，纷纷称赞并佩服保加利亚教练的高明思维。

奇异风向标：保加利亚队的教练，能够在这决定胜负的关键时刻，把头歪歪，出奇招。他的高明之举超出了捷克斯洛伐克队队员、场上裁判以及现场观众的常规想象。进一步说，也是超出了比赛规则的常规导向性，保加利亚队的教练把头歪歪，利用相反的思路打破了人们常态的思维轨迹，经验被逆向思维所超越。保加利亚队的教练用新的

奇思妙想一箩筐

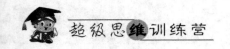

观点、新的方式，从新的角度对新出现的问题进行研究和处理，最后收获出奇制胜的效果。

思维小故事

设置门铃按钮

莱特先生是个非常聪明的人，他善于解决各种怪问题。莱特有一个演员朋友，自从这个演员朋友出了名之后，就不断受到人的打扰。这不但影响他的正常休息，而且还让他觉得人身安全没有保障。为此，这个演员朋友非常苦恼，就不时地给莱特打电话诉苦。为了给演员朋友解除苦恼，莱特给朋友设计了一排 6 个按钮，其中只有一个是通门铃的。来访者只要按错了一个按钮，哪怕是和正确的同时按，整个电铃系统也将立即停止工作。

同时，在按钮旁边贴有一张告示，上面写着："A 在 B 的左边，B 是 C 右边的第三个，C 在 D 的右边，D 紧靠着 E，E 和 A 中间隔一个按钮。请按上面没有提到的那个按钮。"

这 6 个按钮中，通门铃的按钮处于什么位置？

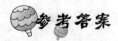 参考答案

通门铃的按钮是从左边数第五个。如果 F 表示该按钮，则 6 个按钮自左至右的位置依次是 DECAFB。

第二编　换角度篇

引　子

　　换角度思考，也就是在事情发生后，按照事物常规的角度思考后，对处理问题的结果不很理想的时候，可尝试站在对方的立场上，或以对方的利益为出发点去思考，另辟蹊径。有些问题当我们从一个方向考虑问题，发现思路变窄的时候，发现自己的思维进入死胡同后，我们不妨换个角度来想。同学们，试试看，或许会有意想不到的收获呢！

最初的可口可乐

　　1885 年，美国亚特兰大市上市一种健脑药汁——可口可乐。潘伯顿是一位药剂师，因为可口可乐的销量低而焦急。

　　有一天，一位病人冲进店铺，他说自己现在头痛难忍，请店员赶快给他服用这种健脑药汁。店员马上尊重病人的要求，迅速配药。

病人痛苦地乱叫，店员很着急，在向瓶内注入自来水的时候，慌乱中将苏打水注入了瓶中。病人拿起瓶子一饮而尽。

店员突然发觉自己刚才将苏打水误当自来水了，恐慌得束手无策。正在这时，病人高兴地蹦起来说："万分地感谢，我的头痛止住了！"店员们也高兴地连声称"妙"。

药剂师潘伯顿从这件事中很受启发，他立即在这种健脑药汁中加入了一定量的苏打水，并在药剂的说明上增添了"益气壮神，芳醇可口"等话语。就这样，可口可乐奇迹般地从一种药剂，摇身一变成为大家非常热衷的饮料了，可口可乐的销量随之与日俱增。

奇异风向标：同学们，你一定喝过可口可乐吧，这种大家都很喜欢喝的饮料，缘于美国药剂师潘伯顿的把头歪歪，他善于总结经验将思维进行换角度，结果呢，收到了自己都意想不到的神奇效果。同学们，当我们遇到问题一筹莫展的时候，试一试换一种思维的角度，你会有新的收获，尤其是在做数学题的时候。

废纸变宝

在德国，有一个生产书写纸的工人叫詹姆斯，他在生产纸时，不小心弄错了配方，结果大家可想而知：他生产出了一大批根本不可能用于书写的废纸。

詹姆斯被讲究精准和纪律性极强的老板狠狠地批评了一通，不但被扣了工资，还被罚了奖金。最不幸的是詹姆斯最后还因为给老板造成了很大的损失而遭到解雇。

詹姆斯为此感到非常懊恼，他灰心丧气，偷偷地在一旁流泪。正在这时，他的一个好友贝克提醒他，让他仔细想一想，能不能让自己从这次重大的失误中，发觉出对自己有用的经验和教训呢。

于是，詹姆斯想啊想，突然他思维一转，很快发现，这批纸虽然不能做书写用纸，但是吸水性能相当好，能够很快吸干器具上的水。

詹姆斯不再伤心了，他将这批纸切成一块块的小纸张，并给他的这批纸命名"吸水纸"。詹姆斯把这些纸投放到市场上，惊人地发现，这批纸相当抢手，在短时间内被一抢而空。后来他为这种纸申请了专利。

奇异风向标：同学们，我们看到，詹姆斯因为自己的失误，给老板带来了很大的损失，被老板解雇，但是他能够在朋友的提醒下，把头歪歪换角度思考问题，结果呢，他将废纸变成了宝贵的"吸水纸"，并因此获得了专利。我们看到了把头歪歪换角度思考的重要性，所以在日常生活和学习中，同学们在做错事的时候，一定要在自责的同时，学会把头歪歪换角度思考，总结经验和教训。

思维小故事

环绕地球问题

小姚最近新买了地球仪，在观察地球仪时，他发现了一个有趣的事情：从北极向南行进 500 千米，再向东行进 500 千米，再向北行进 500 千米，然后再向西行进 500 千米，就会回到原来的北极点。像这样向南、向东、向北再向西依次行进 500 千米，最后都回到原来的地点。除了北极之外还有其他的地点也这样吗？小姚觉得除了北极之外，似乎再也找不到这样的地点了。你觉得小姚的想法正确吗？

参考答案

其实，向东绕地球一周也可以回到原来的出发点。首先在接近南极的地方向东面行进500千米，确定这一纬度之后，从这里出发，向北面行进500千米，这个点就是题目中要求找的点了。如果再向东面行进寻找500千米的纬度，再由此纬度向北面行进500千米所到达的点，也是大家原来要回归的点。

骂出来的标签纸

我们每天记录作业所使用的便笺，是1986年美国十大发明之一，如果我说这一项发明源自一次因失败被骂后的把头歪歪换角度思考，同学们相信吗？

便笺发明者原本在一家生产胶片的公司工作，主要负责研究合成胶。可几经周折后，他所研制出来的胶，黏性总达不到标准——不黏。可胶片生产公司的经理对这项研究可谓是投下了不少金钱的。由于他的研究没有任何成效，经理就将他狠狠骂了一顿。

可是这个人呢，他很不服气，赌气地对经理说："对，但是不黏的胶，也会有它自身用途的！"

这个人为了实现自己反常规的念头，把头歪歪在特殊对象的特殊要求上开始努力地思考。

"我想到了，我终于想出来了！"他高兴地跳起来。他终于有了新创意：他将经理所说的这种不合格的"废胶"，用来黏合办公用纸！他利用自己的休息时间做了许多小本子，又把这些小本子当作平时沟通的小礼物，送到经常与自己联系的好朋友手中。

几个星期之后，用过那些小本子的朋友，出乎意料地逐个找上门来，问他还有没有这种"方便的本子"。这个人看到此情景非常高兴，他看到了开发前景。接着他就根据朋友们的不同习惯和爱好，设计了好多种颜色，并且规格大小各不相同的"方便本子"，就是现在大家所用的风靡全世界的便签本。

奇异风向标：同学们，我们看到了便笺本的成功发明，表面上看起来都是源于工作中的失误，但是在这一意外之中，其实是蕴含着一种必然的。是什么呢？那就是这位聪明人善于把头歪歪，从另外一个角度来思考问题。如果他只从老板批评责骂他的方向考虑问题，思维就会变窄，创新就会停止，甚至走入死胡同。相反，他换个角度去想，结果呢，获得意想不到的收获。我们听说过路的旁边也是路，引申一步说，路的逆向也是路，弯的路是路，错的路也是路！

只是这条错的路经常被人们忽视，大家只是注意到了路上的充满

奇思妙想一箩筐

坎坷、艰难、危险。我们应该把头歪歪，换个角度去发现，路的前面虽无鲜花美景，但一定会有属于我们的另一种惊喜。

"倒过来"诞生了温度计

伽利略是意大利伟大的哲学家和物理学家。一些医生曾经请求伽利略为他们设计温度计。伽利略为此苦思冥想，可是怎么也想不出该如何着手，试验屡遭失败。

有一天，伽利略在实验室中给学生上实验课，他问学生："同学们，水的温度升高时，装在罐内的水为什么会上升呢?"

学生回答说："老师，那是因为水的体积增大了，所以会膨胀，就会造成水面的上升；相反，当水冷却了，水的体积就会缩小，水面的高度就会降下来。"

课后伽利略马上回到了自己的办公室中，由于课上的这一现象，使得伽利略注意到水的温度变化与水的体积变化存在很大的关系。伽利略突然变换了思维的角度，他意识到，可以将这一现象反过来——也就是将水的体积的变化反向推导过来，同样能够看出水的温度变化。

伽利略就是循着这一思路，终于为医生设计出了温度计。伽利略首先用一个像麦秸那么粗的长玻璃管，管子的一端是有鸡蛋大小的装满水的玻璃泡。玻璃泡在受热后，水自然就会沿着管子向上升高些，伽利略的第一个温度计就这样诞生了。

奇异风向标：同学们，我们看到伽利略在多次失败后，在一次给学生实验课后，做到了把头歪歪换个角度思考，就是他的这个"倒过来"的思考问题的方法，终于使他能够设计出了温度计。

伽利略对第一支温度计的发明，使我们得出这样的启示：任何的事情和事物都存在两面性，多数的时候，我们只能看到事情的一面而已，一般情况下是不会想它的另一面的，形成一种惯常的思维方式。同学们都知道，宋代著名诗人苏轼有名的诗句——"横看成岭侧成峰，远近高低各不同。"好了，同学们，在下次出现常规方法不能解答的问题的时候，也让我们把头歪歪，换个不同的角度去看"庐山"不同的景象吧。

刘福太闯关送情报

在抗日战争时期，有一天，敌人把山东胶东海阳县的一个村庄包围了，村里的任何人都不让出去了，并且派伪军在村口把守。本村通向外界的唯一通道就是一座小桥。

这时村里有一份重要的情报，需要很快地向村外的八路军报告。敌人看守得相当严密，怎样才能把情报安全地送出村子呢？

村里的一个小八路叫刘福太，当年才 14 岁的他，勇敢地担负起这个任务。刘福太趁着夜色的掩护，悄悄躲藏在小桥旁边的芦苇中，认真地观察小桥上发生的动静。

刘福太注意到守关卡的伪军困了，正在那里打瞌睡呢。由于太困倦，由村外进来的人，他连头都不抬就说："回去，回去，村里不让进！"

看过了好多次，小八路刘福太心里有了主意，他很快地钻出了芦苇地，悄悄地走上了小桥。大大方方走到桥的中间，还没等守在村头的伪军抬头发话，他就突然转身向村里的方向走来，并故意把脚步声踩响。这个发困的守村伪军，还是头也不抬地说："回去，回去，村里不让进！"

— 31 —

　　结果小八路刘福太顺利过关，顺利地把情报送出了村子，为部队打胜仗立下了很大的功劳。

　　奇异风向标：同学们，聪明的小八路刘福太，能够成功地闯过敌人封锁的关卡，成功的秘诀是什么呢？对，就是他善于把头歪歪，换角度思考问题！

思维小故事

试验蜡烛反应

　　有两支点燃的蜡烛并排放在桌子上，如果你向两支蜡烛中间吹气，会发生什么反应？

　　由于吹气，导致蜡烛之间空气流速快，气压比周围静止的气压低，周围的高气压会压迫两簇火焰靠拢。

图书馆搬家

　　一所学校新建的图书馆竣工了，图书需要搬家。

　　按照常规，图书馆搬家的话就会闭馆很长一段时间，只有当所有的图书都被搬到新馆后，才能重新开放。

　　馆藏图书搬家，不仅搬运工作量大，而且给读者在借阅上带来很大的不便。怎么办呢？

　　图书馆管理员发出了这样的通知："由于我校图书馆即将搬迁，可能会给广大师生带来借阅上的不便。本馆为了不影响大家的借阅，决定增加每人借阅图书的数量，请广大读者踊跃提前办理。"

　　图书馆同时还延长了图书的借阅时间，多摆出了许多桌椅，派出更多的工作人员，并限定时间将书还到新图书馆。

　　奇异风向标：同学们，你看这图书馆的工作人员是不是很聪明呢？这是一种自愿分割搬运的方法，确实很有创意吧！在搬运工作量大的问题面前，他们学会把头歪歪换个角度去思考问题，大大减少了搬运量。

奇思妙想一箩筐

LED 投影

投影仪我想很多人都见过，多数人都会习惯性地想到非常霸气的高亮度、高功耗的传统的投影机。我们可能都见过工程用的投影机，在几十米外也能投射出如同阳光般明亮刺眼的画面，在灯火通明的盛会现场也能保证人们清晰地看见投影内容。剽悍的高端投影机很受大家的欢迎。但是同学们，回忆一下哦，我们坐在教室里上课，用的是这种吗？学校在选购投影机时，不是一味追求高亮度的。

因为大家都知道，这种投影机采用的高温高亮光源，有着高耗能、高热量因而造成寿命较低的弊端。那么，不追求高亮度，低亮度投影机又怎能保证满意的视觉效果呢？

针对小型办公使用环境，投影机厂商换了个角度思考，提供了廉价、环保的解决方案：LED 投影。

LED 光源的使用寿命比传统光源长了很多，并且功耗小，制造成本低。LED 投影机低功耗就意味着电能耗比传统投影机少很多，也就有助于节能减排和环保，同时发热量也比传统投影机低。还有一个显著的特点就是，LED 投影机可以做得更轻便，易于携带。那么，亮度问题怎样解决呢？

你能猜出他们给的答案吗？其实办法很简单，两个词：开灯、挂窗帘。

奇异风向标：同学们，想一想我们在教室里是不是这样做的呢？我们在大教室里，使用投影机上课时必须开灯，主要是因为同学们要做笔记，师生之间需要互动。

在一些大型节目现场，使用投影机时需要开灯，那是因为与会者毕竟不是来参加假面舞会聚会的。但是在我们平时不记笔记的课堂上，进行演示的时候，我们为什么非要开灯呢？拉灯、挂窗帘是可行的、必要的！

因为环境光线越暗淡，投影机的投射效果越好，我们享受到的气氛也越接近真实感。生活中，对司空见惯的似乎已成定论的事物敢于"反其道而思之"，让思维向对立面的方向发展，从问题的相反面，深入地进行探索，你会觉得别有洞天！学习和生活中很多问题貌似很麻烦，但只要我们把头歪歪，换个角度思考就能迎刃而解。打破习惯上的正常的观念、方法，冲破一般人头脑中固有的有序方法的束缚，转换一个角度，往往可以出奇制胜。

咦？10 元钱怎么飞了

天色已晚，赵鹏、李顺、云飞 3 个人去住旅馆，一间房的价格是 300 元，他们每个人出了 100 元钱。老板说，今天是我们店的周年店庆，退给他们 50 块钱。而服务生觉得不平衡，就自己揣了 20 元，只把 30 元退给了他们——退给他们每人 10 元。最后一人只出了 90 元，咦？还有 10 元钱飞到哪去了？

答案是谁也没有拿。

$250 \div 3 \approx 83.333333$　　$83.33333 + 10 = 93.333333$　　$93.33333 \times 3 \approx 280$　　$280 + 20 = 300$（元）

①250 元平均每人摊 83.333333 元

②然后每人又退回 10 元，每人摊 93.3333 元

③三人一共交了 280 元

④加上服务生拿的 20 元，正好是 300 元

奇异风向标：同学们，你弄明白没有，倘若你顺着他的思路思考，你只会感到疑惑，而稍微换一下思路，便能发现其中的奥秘。

首先，每人所花费的90元钱，已经包括了服务生藏起来的20元（即优惠价250元＋服务生私藏20元＝270元＝3×90元）。因此，在计算这300元的组成时，是不能算上服务生私藏的那20元钱的，而应该加上退还给每人的10元钱。也就是：3×90＋3×10＝300元，是正好的。300－50＝250，250÷3≈83.3，83.3＋10＝93.3元就是每个人出93.3元，反过来想就是93.3×3＋20＝300元了。看看把头歪歪，换个角度是不是很清晰了呢？

思维小故事

什么金属

罗开、维斯和达利是同一个科学研究小组的研究人员。一天，他们在实验室里做实验，发现有块金属似乎有异样。罗开说："这块金属不是铁，是锡。"维斯说："不，这是一块铁，怎么能是锡呢？"达利说："这不是锡也不是铜。"3个人各执一词，吵得不可开交，没办法，他们最后只能去找教授。教授笑着对他们说："在你们3个人的判断中，有一个人的判断不对，有一个人是一对一错，有一个则完全正确。"那么，你能判断出这3个人到底是谁说对了吗？

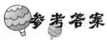参考答案

这种金属是铁。维斯说对了。

苹果里有"星星"

佳佳是个调皮的孩子，妈妈让他自己去切开一个苹果吃，顽皮的他没有用妈妈教给他的方式，而是把苹果横着切成了两半。

佳佳的爸爸发现一颗"星星"藏在了苹果的核心部分，苹果的中间是一个精美的五角星图案，而且每一角里，还都躺着一粒棕色的种子。

这时，父亲感叹道：如果不试着换一种方式切苹果，那么，我们永远不可能发现这个秘密，永远不会发现这颗藏在苹果里的"星星"。

奇异风向标：同学们，你在家里也切过苹果吧！你切苹果时，是从茎部切到底部窝凹处，肯定是把苹果竖着一分为二切开的吧！

我们看佳佳小同学呢，他把苹果横放着，拦腰切下去，他惊奇地发现了苹果里有一个清晰的五角星图案。

不光是我们，包括我们的家长，一生不知吃过多少苹果呢，总是常规地按"正常"的切法把它们切成两半，从未发现过这一被隐藏的精美的图案。佳佳仅仅是换了一种切法，就发现了大家很少有人发现的美丽秘密。

同学们，我们长期以一种方法思考问题，往往会抑制自己的创新力的发挥。就像切苹果一样，如果不换种切法，你就永远不可能看到苹果里面美丽的"五角星"。拿个苹果来试试，你能否看到里面的"五角星"？

怎么给网球充气

同学们，我们在体育课上可能都打过篮球，踢过足球吧？那么，当我们的足球和篮球的气不足的时候，我们是怎么做的呢？我们是用打气针头来给这两类球充气的。但是网球与足球和篮球不一样，因为足球、篮球有打气孔，网球没有，一旦漏气后，球就软了或者瘪了。

大家想想，我们如何给瘪了的网球充气呢？

网球的内部是空心的，其中的气体压强很高，但是当外部大气压强低的时候，气体就由压强高的地方扩散到压强低的地方，也就是气体从网球内部往外部跑，直到网球内外压强一致，网球就没有足够的弹性了。

那么怎样才能让球内的压强增大呢？要让气体从球外向球的内部扩散，怎么才能实现呢？

专家告诉你吧，方法就是把软了的网球放进一个钢筒里，然后往钢筒内打气，这样钢筒内气体的压强就会远远大于网球内部的压强，这时高压钢筒内的气体就会往网球内部钻的。就这样，经过一定的时间，网球又硬起来了，弹力又得到了恢复。

奇异风向标：同学们，这一为网球充气的方法，就是把头歪歪换个角度考虑问题的方法。按照常规方法，肯定是不能给网球充气的，可如果反其道而行之，让气体从外向里挤，没有打气孔的网球同样可以充气。同学们，我们学会把头歪歪，学会换角度思考，真的可以实现创新，也就会出现"一切皆有可能"的效果。

铁猫？ 金猫？

阿福和阿成一起出差，阿福逛街时看到大街上有一老太太在卖一只黑色的铁猫。不懂古玩的人都能够看出来这只铁猫的眼睛很漂亮，走近后仔细一看，阿福发现这只铁猫眼睛竟然是用宝石做成的。

于是阿福不动声色地对老太太说："老人家，我能不能只买下这猫的一双眼珠呢？"老太太起初不同意，但阿福接着说："老人家，我愿意出整只铁猫的价格。"老太太便把猫眼珠取出来卖给了阿福。

阿福回到了旅馆，欣喜若狂地对阿成说："喂，今天我可是捡了一个大便宜！我竟然花了很少的钱买了两颗宝石来，你看看！"

阿成问了阿福关于这猫眼的前因后果，问阿福："那个卖铁猫的

奇思妙想一箩筐

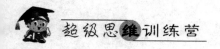

老太太还在不在？"

阿福说："在的，那个老太太正等着有人去买她的那只少了眼珠的铁猫呢。"

阿成便带好了钱，去寻找那个老太太去了。

不一会儿，阿成就把这只缺少眼睛的铁猫抱回了宾馆。阿成分析给阿福说："这只铁猫肯定价值不菲！"于是，阿成用锤子往铁猫身上敲了敲，铁屑掉落后，发现了铁猫的内质——这只铁猫竟然是用黄金铸成的！

奇异风向标：阿福买走"铁猫"的宝石眼睛，在他看来，铁猫的这双宝石眼是相当值钱的，所以他愿意出整个铁猫的价格取走。但阿成却得到了更有价值的东西，为什么他会认为这失去眼睛的"铁猫"价值不菲呢？

阿成是善于把头歪歪转换了常人的角度去考虑问题的，他是这样思考的，他想：既然猫的眼睛是宝石做的，那么猫的身体肯定不会是铁铸成的！

正是阿成的换角度思考，摒弃了铁猫的表象，发现了猫的黄金内质。同学们，让我们学会换个角度思考问题吧，换个角度，也许我们就会发现事物或现象的本质。

思维小故事

没常识的窃贼

一个星期日的中午，在凡尔登湖附近的公寓里发生了一起盗窃案。住在 8 号房间的一个单身职员外出买橘汁的五六分钟里，5 万元现金被盗，据说现金是放在柜橱的抽屉里的。这位职员在中午外出时没有锁门，同一公寓 10 号房间的柯林斯知道他出门。听了失主对情况的介绍，刑警马上到 10 号房间去查看。他一进门，就见柯林斯一边吃方便面一边看漫画，他是一个大学生。

"8 号房间的住户出去买橘汁的时候你在哪儿？在干什么？"

"我一直在看漫画呀！"

"你没听见那个房间里有什么可疑的动静吗？"

"没有，那时正好有架直升机在这座公寓的上空盘旋，噪声很大，一点点的动静是察觉不到的。"

奇思妙想一箩筐

据公寓的管理员说，中午并没有外人进公寓。那么，肯定是内部人干的。

"别的房间里有人在吗？"

"6号房间里有一个叫热内的人应该在的。今天是星期日，别人全出去玩了。"听完管理员的介绍，刑警又到了6号房间，见热内正穿一身西式睡衣躺在床上，一边吃花生米一边看电视。那是台最新型的彩电。当刑警问他有无中午不在现场的证据时，热内回答说："我在看电视里的歌曲节目。"

"哎呀！好漂亮的彩电啊！图像一点儿也不闪动吗？"

"从来没有过。这又不是什么二手货，是我3天前才买的新产品，还是借钱买的呢！"热内带着苦笑炫耀着。

"听到8号房间里有什么可疑的动静吗？"

"没有，一点儿也没察觉到，因为电视里有我最喜欢的歌手在演唱，我看得入了迷，并且那时正好有架直升机很讨厌地在公寓上空盘旋。"

"你说谎，案犯就是你！直升机在盘旋时你并没看电视，而是溜进了8号房间找钱吧！你快把偷的钱交出来。"刑警边说边敏捷地给他戴上了手铐。

那么，这位刑警究竟如何识破了热内的谎言呢？

热内说电视机的图像一次也没出现雪花点儿干扰，这句话就是证据。他说在自己房里看电视时，有直升机在公寓上方盘旋，那么，即使是新电视，由于电波干扰，图像照样会出现短时闪动的。

怎么打赢的官司

志坚移民到美国定居了，因为涉及到一场官司需要出庭，就对他的律师说："张律师，我们是不是找个时间约法官出来坐一坐或者给他送点礼啊？"

张律师一听，惊讶地说："千万不能啊，如果你向法官送礼，你的官司将必败无疑。"

志坚说："怎么可能呢？"

张律师说："你给法官送礼了，正是说明你理亏！"

几天后，张律师打电话给他的当事人，说："志坚，我们的官司打赢了！"

志坚淡淡地说："呵呵，我早就知道了。"

张律师奇怪地问："怎么可能呢？我刚从法庭里出来。"

志坚说："我给法官送了礼！"

张律师差点跳了起来："不可能吧！"

志坚说："的确送了礼的，不过我在邮寄单上写的是对方当事人的名字。"

奇异风向标：这位志坚先生从另外一个角度入手，既然美国人认为给法官送礼是理亏，那就以对方的名义送礼，从而轻而易举地赢得了官司。

奇思妙想一箩筐

聪明的脚夫根治懒马

在旧社会，人们把搬运工称作"脚夫"。有一位赶马车的脚夫，赶着一匹拉着一平板车煤的马，在上一个坡。

无奈这个坡路太长了，并且很陡，而这匹马又很懒，当马拉着车子到了坡的三分之一时，再也不愿意往前走了，无论脚夫怎样抽打，马就是原地打转不往前走。

这时，脚夫招呼路过的马车停下，向他们借来两匹马相助。同学们，你会想到什么？我猜你肯定是按常规的思维方式想的，大家都是这样想的，一匹马拉不上坡，另两匹马来帮忙拉，必定是来帮拉车的。

可是你知道脚夫是怎么做的吗？他并没有将牵引的绳系在车上，相反，他却将牵引绳系在了自己马的脖子上。

"驾！"只听脚夫一声吆喝，借来的两匹马拉着自己这匹马的脖子，向前奔了过去，这匹马拉着装煤的车子，也跟随着迅速地上了坡。

你对脚夫的这种做法或许存有疑惑：借来的这两匹马，干吗不用来拉车却拉自己的马呢？其结果不还是自己的马在使劲吗，另两匹马怎么能使得上劲儿呢？而且还有可能拉伤自己的马啊！到底怎么回事呢？

奇异风向标：同学们，你是不是很难想通这位马夫的思维方式？马夫主要是巧妙地把头歪歪，换了一个思考的角度而已。他的这种方法确确实实地解决了自己的马不肯出力去拉煤车上坡的问题，可见其招数的高明。

车夫的高明之一：这匹马的力量同其他马的力量差不多，车上装的煤也差不多，别的马能上去，这匹马上去也应该是没问题的。但是现实中这马却上不去，其主要的原因是这匹马懒惰，是态度问题，而不是能力问题。

车夫的高明之二：车夫让两匹马拉住自己懒惰的马的脖子，就迫使这懒惰的马必须尽最大的力量，拼命拉着煤车前进。因为不这样，自己的脖子就很有可能被另外的两匹马拉断。潜在的求生欲，使得懒惰的马必须积极主动地拉车上坡，才能保住性命。

车夫的高明之三：如果让另外两匹马帮助拉车是不是可以呢？当然是可以的。但是在帮助懒惰的马顺利地将车拉上坡的同时，会让自己懒惰的马尝到偷懒的甜头，之后，再遇到上坡时，形成惯性，一定还会坐等别的马去帮忙。而车夫将马的绳子牢牢地系在它的脖子上，用力驱赶另外两匹马，不过是为了教训这匹懒惰的马一下。车夫的这种做法，使这匹马牢牢地记住偷懒所吃的苦头，以后上坡时，相信它再也不敢偷懒了。

天一法师安排 3 个弟子

公元 1715 年，在华岩寺有一个法师，法号为天一，是那里的第四代住持。天一法师有 3 个弟子。其中的大弟子非常懒惰，只要他能够在哪儿坐下的话，一时半会儿他是不会站起来走开的。

二弟子正好相反的，他天生好动，这样就对寺院的清净感到很苦闷。

三弟子非常贪玩，还非常讨厌诵经，一天到晚就喜欢听鸟唱歌。

天一法师是怎样安排他们作息的呢？

天一法师让大弟子负责打钟，不分早晚，并且天天让他去坐堂诵经；让二弟子托着钵盂到山下去化缘；让三弟子在寺院内能植树的地

方都植上林木，目的是等树长起来后，引得百鸟筑巢栖息。

奇异风向标：同学们，你们看了天一法师这种训练弟子的方法，有什么感触吗？天一法师正好是把头歪歪，打破常规的思维方式，充分将3个弟子的缺点加以利用，通过这种方法来训练自己的弟子。按照这种方式，我相信这3个弟子都将事有所成！

思维小故事

船壁的秘密

夏天的一个早晨，玩帆板的一个青年发现湖面上浮着一叶小舟，里面有一具金发女郎的尸体。她是被刀刺死的，船底有一滩血迹，船壁上爬着一些海螺，估计死亡时间是两天前即星期六下午3点多钟。

经调查，不久就找到了重大嫌疑犯，是住在波罗的海海边城镇的一个单身汉。镇子离发现尸体的湖泊处有100千米，但此人有当时不在作案现场的证明，案发时间前后，有邻居看见他在海岸边自己的家中。

"可是，即使你有确凿的当时不在作案现场的证明，那也是毫无意义的。因为作案现场不是那个湖泊，而是你家的这个海岸。你是在小舟里把她杀害的，夜里把装尸体的小舟放到汽车上运到湖边，再把小舟推到湖里。这样制造了被害人是在湖泊里被杀害的假现场。"

警察一针见血地揭穿了他的把戏。

"你到底有什么证据做出这种判断呢？"嫌犯反问道。

"要证据吗？就是那只小舟的船壁，这是因为你的疏忽造成的漏

洞，也就是你失败的原因。”刑警冷笑着回答。

那么，证据是什么呢？

参考答案

小舟的船壁上爬着海螺。海螺是在大海中生存的一种贝类软体动物，淡水湖里决不会有这种海螺。所以，刑警知道装尸体的小舟肯定原来是在海里，后又被运到湖里的。

您可以把房子租给我吧

在美国有这样的一家人，出于孩子教育的考虑，决定搬进城里，于是去找城里出租的房子。

美国人不像我们中国人都买房子，多是租住的，这夫妻俩和一个快6岁的孩子，全家三口人跑了一天，一直没找到合适的房源，不是离学校远，就是大小不合适。直到傍晚，才好不容易看到一张出租公寓的广告。

三人很快地跑了过去，房子真的太合适了，并且离学校也很近。于是，先生就前去敲门询问。

温和的房东太太出来了，仔细打量了这3位客人。

先生鼓起勇气问道："老人家，这房屋出租吗？"

房东太太抖抖肩膀说："先生，实在对不起，我们公寓是不向带孩子的住户出租的。"

先生和妻子听了，扫兴地垂下了头，只好默默地带孩子走开了。

刚才发生的一切，都看在懂事的6岁孩子的眼中。他心里难过地想：真的没办法了吗？孩子故意让爸爸妈妈走在前面，拉开距离，然后他用那已经冻红的小手，又去敲房东的大门。

门慢慢地开了，房东老人又出来了。

孩子理直气壮地说："老奶奶，这个房子我租可以吗？我是没有孩子的，我是符合您的条件的，我只是带来两个大人而已。"

房东老奶奶听了孩子讲的话，呵呵地笑了起来。老人决定把房子租给这三口住了。

奇异风向标：同学们，大家说这个6岁孩子的做法是不是比较高明呢？他从房东太太的"我们公寓不招有孩子的住户"的话中找到突破口，把头歪歪，变换了一个角度，联系到自己"我没孩子，只带两个大人"，房东自然就不能拒绝了。

两个儿子赛马

在阿拉伯有这样的一个有钱人，他有两个儿子。有一天他对儿子们说："孩子们，你们两个去赛马，终点是沙漠中的绿洲。你们要听清楚啊，你们谁的马后到，我的全部财产就会留给谁。"

这两个儿子听后，纷纷骑上自己的马，缓慢地向前行走。可是啊，太阳炙热，沙漠到处是沙子，走的再慢些，感到非常灼烤。时间没过多久就已经坚持不下去了，再后来就真的热得扛不住了。

正在这时，有个聪明的老人从此处路过，看到此情景，给他们出了一个高招，说："孩子们，你们这样下去，真的会将性命丧失在沙漠中，我来给你们一条保全性命并且能实现父亲条件的方法吧：你们二人将马换过来骑。你们的父亲不是说要看哪匹马后到吗？这样你们二人一换马，就是由比慢的赛马活动，变成了比快的赛马活动了。"

奇异风向标：同学们，你看明白了吗？聪明的老人见到这两个年轻人在沙漠中快要晒得不行的情况下，善于把头歪歪，让他们换了一种骑法，实际上是换了一种思维方式，换了一个角度分析问题。换了马，骑的是对方的马，对方的马先到了，自己的马就会后到，其实比赛规则还是一样的。

奇思妙想一箩筐

拼世界地图

今天是星期六，一大早，天就下着雨。有个牧师，正在准备外出布道。可是他的妻子没在家，小儿子又吵又闹，让他心烦。他无可奈何地拿起一本杂志，漫无目的地一页一页翻看。

牧师翻到了一幅色彩鲜艳的大图画，这是一幅世界地图。他心烦就将地图撕成了碎片，然后又将这些碎片丢在了地上，对儿子说："宝贝儿，如果你能把这些碎片收拢并拼好，我就奖给你10元钱。"

牧师想这次孩子会安静下来的，因为这件事会花费孩子整个上午的时间，肯定不会再来烦自己了。

"砰砰砰！"没想到不到10分钟，儿子就来敲他的门了。牧师见儿子如此快地拼好了那张地图，十分惊讶地问道："儿子，你怎么这么快就把地图拼好了呢？"

儿子回答说："这还不容易？在地图的背面有一个人的照片，我把这个人的照片收拢贴好，然后把它翻过来就是了。爸爸，你说对不对？要是这个人是正确的，那么这个世界地图也就没错了。"

奇异风向标： 同学们，我们看这牧师的小儿子是不是太聪明啦！这个小孩虽然不会看地图，可是他会看人啊！聪明的小家伙，把头歪歪换了个角度处理问题，你看多节省时间啊！对的，背面的人如果拼得正确了，那么地图自然也就是正确的了。同学们，我们在思考问题的时候，如果换一个角度，从反面去思考，也许也会找到更好的方法呢。

被烧的香蕉

　　快到年底了，水果卖得很快，可是由于鞭炮放得多，不知谁家不小心放的鞭炮将摊主家里的香蕉烧了，香蕉外表被烧得很难看。摊主本来打算扔掉，但是还真的舍不得。接下来，摊主有了一个大胆的设想：扔掉？太可惜了！我给它取个名字或用其他方法装饰一下，试试看香蕉能不能卖出去。

　　摊主的雇员也跟着叹息，随手拿起一根香蕉尝尝。哇！这种被烧烤过的香蕉，味道不错啊！摊主也拿起来一尝，确实不错，于是他给这种香蕉冠名"巴西香蕉"，然后抬高了香蕉的价钱。出乎意料的是，仅仅用半天的时间就销售一空。

　　奇异风向标：同学们，你看这个故事是不是很受启发呢？摊主开始确实是感到很遗憾的，但是，他并没有封闭在思维惯式的怪圈中，而是把头歪歪，换了个角度去尝试，那么，最后的结果是：他成功了！

空城计

　　诸葛亮，大家都知道是三国时期的人物，他就是因为当时错用了马谡，最后才失掉街亭这一战略要地。魏国大将司马懿，乘势带领 15 万大军，向诸葛亮当时所在的西城蜂拥而来。

　　可是在当时，诸葛亮身边只有一班文官，没有其他大将。自己所带领的 5000 人的军队，也有一半人马用于运输粮草去了，在城里仅仅剩下了这 2500 多号士兵。所以这些人听到司马懿带兵前来的消息，没

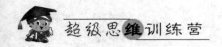

有一个不大惊失色的。

诸葛亮登上了城楼,他向四周观望,对大家说:"听我的指挥,大家不要惊慌,我略用计策,就能让司马懿退兵。"

按照诸葛亮的部署,第一步,传令大家把城墙上所有的旌旗都迅速地藏起来,但是士兵们却原地不动。诸葛亮还立下了严格的纪律——如果谁要是私自外出,或者大声喧哗,将会立即被斩首。

第二步,叫士兵把 4 个城门全都打开,然后每个城门上派 20 名士兵假装扮成普通百姓的模样,洒水扫街。

第三步,诸葛亮自己披上戏曲舞台上扮演道士人物穿用的服装,戴上高高的青色丝带头巾,领着两个小书童,带上一张琴,到城上望敌楼前靠着栏杆一坐。他稳重地燃起香,然后平静地弹起琴来了。

就在这时,司马懿的先头部队已经迅猛地来到了城下,见到是这种阵势,一个个都不敢轻易入城,然后就急忙往回返,向司马懿报告情况。

司马懿听了情况报告后,大笑道:"这怎么可能呢?笑话!"

他看到自己的部下很坚持地认为是真的,就下令三军先停下,自己飞马前去观看。

在离城不远处,司马懿果然看见诸葛亮端坐在城楼上,笑容可掬地正在那焚香弹琴呢。左面一个书童,手捧宝剑;右面也有一个书童,手里拿着拂尘。

他还见到城门里外,20 多个百姓模样的人都在那低头洒扫,一副旁若无人的样子。司马懿看后,对此深表疑惑,他回到自己的军队中,命令后军充作前军,前军作后军开始撤退。

司马懿的二儿子司马昭走过来说:"父亲,莫非是诸葛亮家中无兵,所以故意弄出这个样子来的?在弄清楚前,您为什么要撤兵呢?"

司马懿说:"孩子,你不了解诸葛亮,他的一生谨慎,是从不会去有半点儿冒险举动的。现在城门大开，只证明一点，就是在城的里面设有埋伏。一旦我军进去的话，肯定会中诸葛亮之计的。所以，凭借我对诸葛亮的了解，我们还是快快撤退吧！"

就这样，司马懿的各路兵马，瞬间都退了回去。

奇异风向标：同学们，我们看到了这个关于诸葛亮巧设空城计的故事，你有什么样的启发呢？是不是诸葛亮很聪明？在己方无力守城的紧急关头，他善于把头歪歪，换角度思考，利用一种心理战术，故意向敌人暴露自己城内是空虚的。这样就让敌军无形中产生了很大的怀疑，所以他们犹豫不前。司马懿非常怕城内有埋伏，怕陷进埋伏圈内，所以最后选择了撤退。

从诸葛亮对付司马懿的用兵，同学们肯定知道这是一种思维方式上的比拼。由于诸葛亮非常清楚地了解司马懿，并掌握他作为一名将帅的心理状况和性格特征，所以能够改变思维，换了一个角度，使用空城计解围。同学们，你看到了吧，当自己处于十分不利的被动和弱势的情况下，我们完全可以把头歪歪，换个角度去思考和处理问题的，结果就会出现"柳暗花明又一村"的惊喜。

田忌赛马

田忌是齐国的一员大将，比较擅长赛马。有一回他和齐威王约定进行一次比赛。田忌和齐威王把各自的马分成上、中、下三等。

比赛开始了，按照对应的原则：上等马对上等马，中等马对中等马，下等马对下等马。齐威王的马在等级上都比田忌的马强很多。连续比了3场，田忌都以失败告终。田忌感到非常扫兴，心里不是滋味，垂头丧气地准备离开场地。

就在这时，田忌仰起头，发现自己的好友孙膑也在人群里观看。孙膑随即招呼田忌过来，拍着他的肩膀说："兄弟啊，你们刚才的比赛场景我都看过了，其实让我看，齐威王的马比你的马快不了多少……"

还没等孙膑说完，田忌睁大眼睛瞪了他一眼，说："不够意思啊，想不到你也来挖苦我！"

孙膑说："兄弟，我真的不是挖苦你，你再同他赛一次，我保证让你取胜。"

田忌疑惑地看着孙膑："你的意思是让我另换几匹马？"

孙膑笑了，摇了摇头说："不用的，一匹马也不用换，还用原来的马。"

田忌低下了头说："那还用比啊，我肯定是照样输了！"

孙膑拍着他的肩膀说："兄弟，听我的没错，你就照我说的办吧。"

再看看对面的齐威王，正得意洋洋地对围观者夸耀自己的马呢。

齐威王看见田忌和孙膑过来了，对田忌说："怎么着啊，莫非你还不服气吗？"

田忌点点头说："当然是不服气的，我请您和我再赛一次，如何？"

齐威王很不在乎地说："没问题，那就来吧！"

一声开战的锣响，又一轮赛马开始了。

孙膑指挥田忌说，你先用自己的下等马去对付齐威王的上等马，这样你的第一场输了是必定的。果不其然，没出孙膑的预料。

齐威王这个得意！接着，进行第二场比赛。孙膑指挥田忌拿自己的上等马，去对付齐威王的中等马，结果这第二场较量，田忌胜。齐威王纳闷了，不免觉得心里有点儿慌乱。

正在这时，第三场比赛又开始了，田忌不用指挥了，就剩下自己的中等马了，去对齐威王的下等马，不用说，第三场，田忌再次胜了齐威王。这下，齐威王目瞪口呆，并感到莫名其妙。

比赛结果很明显，田忌胜两场、输一场，最后赢了齐威王。

奇异风向标：同学们，你是不是感到孙膑聪明的不得了呢？但是你分析出了孙膑的聪明在哪了吗？他的独特之处就是，不沿袭常人的思路去比，他把头歪歪，换个了赛马顺序。其实在这场赛马比赛中，马还是原来的马，并没有替换，换的只是马匹的出场顺序而已。在孙膑的指挥下，田忌只调换了自己马匹的出场顺序，结果就转败为胜了。我们可以看到，在某些时候，神奇出于把头歪歪的换角度思考！

思维小故事

不翼而飞的赎金

亿万富翁大卫的独生女儿被人绑架了。绑匪送来了一封恐吓信，信中写道："如果你希望女儿平安回家，就把100万英镑的赎金装在旅行包里，明晚12点，让你的司机在公园的铜像旁挖一个坑，将钱埋入地下。收到钱就会放了你女儿。"

接到绑匪的信后，大卫很着急，立即向警方报了案。

第二天晚上12点，司机带着装有100万英镑的旅行包来到公园的铜像旁。为了防备万一，与司机同车前往的有6名便衣警察，公园的出口也有几名刑警在远处蹲守。司机在一片黑暗中按绑匪的要求，在铜像旁挖了一个很深的坑，将旅行包放在坑中埋好，随后又带着铁锹离开了那里。

留下的刑警小心翼翼地在那里监视着，直到次日中午，始终没有见到绑匪前来取钱，而大卫的女儿却平安回到了家中。警方立即把埋钱的坑挖开，出人意料的是，旅行包是空的，100万英镑赎金不知什么时候被取走了。负责监视的刑警证实，绑匪从没有来过，而且也没有任何人靠近那个坑。

那么，这个不见踪影的绑匪究竟是如何躲过刑警的监视，将100万英镑的赎金取走的呢？司机的确将那100万英镑赎金埋在坑里了呀！

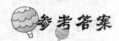
参考答案

绑匪就是司机，其实赎金根本就没有被拿走，而是埋在旅行包的下面，中间隔了层泥土！因为司机在埋赎金的时候是在黑暗中，所以警方没看到。

大毒疮可能会有生命危险

在我国清代有个名医，叫叶天士。有一天，一位红眼病患者来叶天士这里就医。叶天士发现这个病人因为患眼疾开始感到忧心忡忡，说："别担心，你的眼疾啊，只需吃上几服药就行了。但是呢，我得提醒你，你的脚将会在 7 天后长出一个大毒疮，我要提醒你，弄不好这可能会有生命危险。"

病人一听，大惊失色，赶紧就询问叶天士，怎么样才能疗疮。叶天士说："你啊，按照我的方法，连续 7 天按摩脚底，我再给你一款祖传的秘方。"

病人像是得到了宝物一样，千恩万谢回家了。病人回家后按医嘱操作，不敢有半点儿的懈怠。结果 7 天后，脚上没有长出毒疮，并且他眼睛的毛病也好了。

病人高兴地去表示感谢，叶天士对他说出了真相。原来叶天士说他的脚下会长出疮，纯粹是哄他的，医生的意思是为了分散他的注意力。

奇异风向标：同学们，我们看到叶天士这个名医，并不是真的有多么高明的绝招。他只是看到病人忧心忡忡的样子不利于治好病，就把头歪歪，换个角度为病人解决问题，即从"脚"说起，引开他的注意力，结果呢还真灵验，实现了一举两得的效果。

庄子话臭椿树

有一天，宋国（在今河南商丘）有个人叫惠施，他看见庄子，呵呵一笑，说："庄周啊，我怎么看你都像一棵树呢。"

庄子感到很好奇，问："是吗？为什么？"

惠施说："我家有一棵大臭椿树，长得又高又大。可是，它的树干木瘤盘结，非常臃肿难堪，就连墨绳也无法拉直它。树干不直就不直吧，可是它的树枝呢，不是弯弯曲曲的，就是歪歪扭扭的，远远地看上去就知道很不合于规矩！我家的这棵树啊，就长在路的中央，就连在我家干活的木匠也都不会去看它一眼。庄周，你所说的那些话，我认为是大而无用的，你说说，这不就像我家的这棵树一样吗？哈哈……"

庄子听后也笑着说："那么，惠施，你倒来说说怎么样的树才叫有用？按照你的意思是'中规矩、合绳墨'这样的树才叫有用了呗？"

庄子接着说："那好，我举个例子吧。按照你的意思，我们把'能抓住老鼠'的看作有用，那么你说说，在这层面的意思上，黄鼠狼是不是就是很有用的？我们可以想象黄鼠狼的样子，弯着腰，给人的感觉总是要抓住各种小动物一样。黄鼠狼身材小巧而灵活，它们上蹿下跳地捕捉各种猎物，施展自己的'有用'之技。但是，也正是这一原因，它也许会掉进陷阱里，最终死在罗网中。"

庄子接着说："但是我们看看那牦牛，虽然身体相当庞大，可是它却抓不住老鼠，那么按照你的意思就会说，牦牛算是无用了。你要看到牦牛能耐寒，能负重，你自己说说它用处是大还是小呢？依照这一层面上说，惠施，你说'能不能抓住老鼠'有那么重要吗？所以，对于一棵树来说，木匠是否能够看得上，你说真的有那么重要吗？"

奇异风向标：同学们，我们可以看到施惠认为这么一棵高大的臭椿树没用，仅仅是从木匠的角度来做出的评论而已。

如果依庄周所言，把头歪歪换个角度去思考，我们将这棵高大的臭椿树，置于寂静而缥缈的空间，把高大的椿树置身于广无边的旷野中，当我们天热时在树下乘凉的时候，当我们逍遥地在树下小憩的时候，你想想，你还会想拿起斧头去砍伐树木吗？这时候不被砍伐的所谓的"无用"，你还会说不好吗？

大葫芦

惠施又一次遇到庄子，说："几个月前，魏王给了我一把大葫芦的种子，春天我就把它种在了地下，秋天结的葫芦极大，可以装几百斤的重量。可是它的质料不坚固，用来盛水，一拿起来就破了。切成两个瓢又太浅，装不了多少东西。就因为这，让我看来，这葫芦虽然大，但是可以说一点儿用处都没有，结果，我把它们全砸了。"

庄子听后说道："啊？简直是太可惜了！惠施啊，你别不爱听，我发现了，你不会用大的东西啊！你看看，结的葫芦这么大，你当时为什么不做个网子把它套起来呢？等到葫芦熟了的时候，把它摘下来，能够当瓠，绑在腰间，用来做渡水的腰舟，使你在水中浮沉自由，那该多好啊！可是你呢，为什么一定要用来装水呢？"

奇异风向标：同学们，从惠施种葫芦这件事看，他与庄子所持有的观点是完全不同的，惠施认为葫芦大而无用，而庄子的思考换了一个角度，认为大葫芦是有用的。

我们看到，惠施坚持以为葫芦只能装水，这是大多数人的想法。然而庄子对于葫芦的思考不同，他认为水也可以"装"在外面的。庄

子在一种想法不通之后，能够把头歪歪，变通另一种思维去思考，将无用妙化为有用。

我们在考虑问题的时候，既要注意人性化和符合自然规律的先进的思想，还要注意发现自我，开发自己的天赋，就像歌词中唱的那样——"不要认为自己没有用"。

思维小故事

防不胜防的投毒

20世纪中期，百万富翁 B 先生临终前立下遗嘱，把全部财产留给后妻 B 夫人。和这位富有的夫人共同生活的还有她的养女麦吉。

麦吉是一个典型的时髦女郎，社交极广，很能挥霍，养母管束很严，使她经常手头拮据，所以她总是盼望养母早点儿死去，自己可以合法继承巨额财产。可是，B 夫人的身体非常健康。终于有一天，麦吉在汤里放了砒霜，B 夫人喝汤后突然昏倒，幸亏发现得及时，才算保住了性命。

B 夫人康复后，马上警告麦吉道："我知道你想要我的命，这次为了维护 B 家族的声誉，我不起诉你。为了保证我的人身安全，现在我应该把你从这个家里驱逐出去。遗憾的是，按照你父亲生前的遗言，我不能这样做。所以，我为了能安度晚年，从今天起采取防范措施，你再也别想投毒害我了！"

B 夫人彻底改造了二楼的卧室，在窗户上安装了铁栏杆，门上的锁也重新换过。一日三餐都不让仆人做，而是她亲自从超市买来罐头，在卧室新增设的厨房里做饭，所有的餐具也不许任何人接触，连饮水都只喝瓶装矿泉水。她每星期都请保健医生来检查身体。就连这位医生，也只准许他测量一下脉搏和体温，打针、吃药她都一概自理。

尽管防范得如此严密，B夫人仍然在劫难逃，不到半年便死于非命。经解剖尸体发现，她是由于无色无味的微量毒素长期侵入体内，致使积蓄在体内的毒素剂量达到致死的程度。推理作家奎因陪同他担任警长的父亲参加了这一案件的调查，父亲忙着在现场搜寻毒药，奎因却在翻检死者用过的医疗器械，沉思了一会儿，他就指出了投毒杀人的案犯。

那么，究竟是谁采用什么方法，把这位防范周密的B夫人毒死的呢？

参考答案

　　这起投毒杀人案的同谋犯就是 B 夫人的保健医生。他受麦吉的重金收买，成了这一罪行的帮凶。在每周的定期检查时，他将无色无味的毒药涂在体温计的前端。在当时，体温计是口含的。这样，每次都有微量毒素通过嘴进入了 B 夫人的体内，日积月累，终于有一天达到了致死的剂量。奎因在了解到 B 夫人的周密防范措施之后，认定毒药只能从口中进入，而且只能经由测试体温这一途径。

鲲化为鹏

　　传说北海有一条鲲鱼，和其他生物一样生活着，吞食着水中生物，吸收日月精华，慢慢地，大鱼的身子有几千里长。鲲在北海自由生活，已经很难找到力量相当的对手了。鲲在无边漆黑的海里甚感忧郁，决定开始寻觅更好的天地。它开始计划跳出水面，它要尝试飞行，想体验一下迁徙的滋味。

　　鲲在海底诡秘地游着，一次次地尝试着跳、落，它跳出是为试探一下水面的风。就这样它一直等到了盛夏这一美好季节。这一季节，天地间热气环旋，经常有大风。

　　有一天，鲲熟练地跃起，拼命一搏，双鳍一展，变成了宽大的翅膀，这条大鱼突然变成一只大鹏。由于它的背很宽广，在风中开始试着飞行，借着风它越飞越高，一飞直冲九万里的高空。终于，大鱼告别了北海，向更广阔的天地飞去。它在高空中低头一望，地面上灰蒙蒙的一片，一切都看不见了。大鹏又向上抬头一望，苍茫无际，天地和它浑然合一了。

奇异风向标：同学们，这个故事其实是用鲲与鹏的形象，充满想象力和张力的绝唱，体现了一种傲气，和一种霸气。

同学们，只有我们的胸襟宽广高远，思想才会没有界限。在学习和生活的长河中，不可避免地会遇到这样或那样的不如意，我们不能斤斤计较一时的得失，而应该站在一个更高的制高点来看待人和事——以积极、勇敢、乐观的心态和脚踏实地的行动，迎接一个个挑战，并快乐地享受每一天。

拿破仑的象牙棋

法国的拿破仑，人称奇迹的创造者，他一生征战南北，可谓神机妙算他不愧为军事家，费尽心机，经常采取他人意想不到的战法，一次次地征服了很多国家。

然而在滑铁卢战役失败后，拿破仑被流放到一个孤岛上，这对于一个伟大的军事家而言甚感孤独和无聊。

有一天，拿破仑的密友买通了狱卒，偷偷送给他一副象牙象棋。由于孤独，拿破仑对象牙象棋简直是爱不释手。后半生就靠它打发时光了，一直到死去。

后来，那副象牙象棋成了价值连城的文物，再后来进行了天价拍卖。就在此时，有人竟发现一个棋子的底部可以打开。

等人们真的打开过后，惊奇地看到，里面藏着一张地图和一份计划，这是供拿破仑通过秘密通道越狱的计划。

奇异风向标：同学们，你看这位大军事家拿破仑，是不是很可惜呢？他没有在下棋玩乐中，领悟到他的朋友送给他的象牙棋中的奥妙

和好友的良苦用心。如果他能够把头歪歪用自己最擅长的"换角度思维"，去仔细看一下棋子，那么就会有另一种不寻常的情境出现了。

露营帐篷被偷后

乐乐和天天两个人结伴到山里去露营，乐乐是个浪漫派，天天是个现实派。

晚上睡觉的时候天天问乐乐："乐乐，你看到了什么呀？"

乐乐回答说："我看到了满天的星星，看到了中国神州六号飞船曾经遨游过的星空了，我感觉到了宇宙是浩瀚的，太伟大了！同时我又感觉到了我们的生命是何等的渺小和短暂……那天天，你呢，又看到了什么？"

天天回答说："我看见有人把咱们的帐篷偷走了，咱们只能露天了。"

后来，乐乐成了出名的作家，直到生命的最后一刻都是一个非常乐观的人。而天天呢，他一生碌碌无为，一辈子都生活在忧郁之中，最后也是郁郁而终了。

奇异风向标：同学们，这个故事告诉我们，当我们面对同一件事时，能够把头歪歪，换一个角度，换一种思维，就会出现不一样的理解方式，就会收到不同的效果。

笔者是一位老师，经常是费了好大工夫精心准备了一节课，兴冲冲地走进教室时，却被一片打闹不止的混乱景象搅得兴致全无。如果对此怒气冲天，高声训斥，肯定是师生上好课的情绪没了，整堂课被搞砸了。

面对这样的情况，笔者能及时调整情绪，幽默一下，结果效果更好。因为学生没有被呵斥的压力，学习的积极情绪被保留下来，反而觉得老师很亲切，他们也更容易接受新的知识。

思维小故事

不攻自破

这是一个气温超过34℃的炎热夏天，一列火车刚刚到站。女侦探

奇思妙想一箩筐

麦琪站在月台上，听到背后有人在叫她："麦琪小姐，你要去旅行吗？"

叫她的人是与她正在侦查的一件案子有关的梅丽莎。

"不，我是来接人的。"麦琪回答。

"真巧，我也是来接人的。"梅丽莎说。

说着，梅丽莎从手提包里掏出一块巧克力，掰了一半递给麦琪。

"还没吃午饭吧？来吃点儿巧克力。"

麦琪接过来放到嘴里。巧克力硬邦邦的，这时，麦琪突然想到什么，厉声对梅丽莎说："你为什么要撒谎，你分明是刚刚从火车上下来的，为什么要骗我说你也是来接人的？"

梅丽莎被她这么一问，脸色都变了。但她仍想抵赖，反问道："你怎么知道我刚下火车？你看见的？"

"不，我没看见，但我知道你在撒谎。"麦琪自信地说。

为什么麦琪断定梅丽莎在撒谎？

参考答案

因为火车内有空调，而且火车内气温低于巧克力融化的温度。而外面的气温是34℃，大大超过了巧克力融化的温度，所以麦琪推断梅丽莎是刚从火车上下来。

多米诺骨牌怪圈

有意思的多米诺骨牌怪圈：麻雀鄙视燕子，燕子鄙视黄鹂，黄鹂鄙视百灵，百灵鄙视鹦鹉，鹦鹉鄙视喜鹊，喜鹊鄙视苍鹰，而苍鹰呢，

成为这一怪圈的完成者，它鄙视谁呢？它竟然鄙视起麻雀来了！围成一圈的多米诺骨牌，到底谁压在谁的上面了呢？

奇异风向标：同学们，大家经常会在生活和学习中遇到这类事情吧——如同上面的这种鸟类多米诺骨牌怪圈。

每一种鸟都敏锐地发现了对方的不足，而对自己的不足却浑然不觉，原因就是它们都陷入看事物过于片面的怪圈。其实，尺有所短，寸有所长。它们终究不懂得什么是懦夫、什么是勇士！这些鸟儿们不知道好高骛远和脚踏实地的区别。

我们人类虽说懂得这些道理，但是经常也会陷入"谁比谁好，谁又不如谁，到底谁赢了，谁是最差的"这样的怪题中。那么在遇到这类问题时，我们是很难找到答案的。如果把头歪歪，换一种眼光看问题，可能就会走出怪圈。

面对百灵会唱歌、苍鹰飞得很高的客观事实，不同的人站在不同的立场、角度上会做出截然不同的评价。

苍鹰看不起喜鹊，觉得它好高骛远，但苍鹰自己恰恰以为这是勇气与力量的体现。

如果喜鹊换一种眼光、换一种思维方式思考，苍鹰飞得高的勇气和力量我有吗？怪圈被打破，鸟类就会成为个性不同且完善融合的整体了。

所以，让我们学会把头歪歪，换一种眼光看世界，不以偏概全，也不以主观否定客观。我们会看到另一道美丽的风景。

狮子来了

一只狼吃饱后，舒服地躺在草地上想要睡觉，另一只狼气喘吁吁地从它身边经过。它不禁感到惊奇，"你这样没命地跑什么啊？"

奔跑的狼说："天啊，我听说狮子来了。"

躺着的狼说："狮子？它是我们的朋友，有那么可怕吗？"

奔跑的狼说："听说狮子跑得特别快！"

躺着的狼说："跑得快又有什么了不起的呢？"

奔跑的狼说："追一只羚羊用不了多大力气的！"

那奔跑的狼还要说什么。躺着的狼不耐烦地摆了摆手说："行了，行了，你去跑你的，我要睡觉了。"

奔跑的狼摇了摇头就跑开了，躺着的狼却继续睡自己的大觉。

后来，一只狮子真的来了，整个草原上的羚羊的奔跑速度变得极快。

由于这只狼不再那么容易得到食物，不久就饿死了。死时还十分怨恨狮子破坏了它宁静的生活。

奇异风向标：同学们，我们看到，狮子来了，两只狼态度不同，结局也是不一样的。也就是说，要想不被社会淘汰，我们只有面对现实，努力奋斗，不能光看到眼前的利益，而应该将目光放长远，这叫做"人无远虑，必有近忧"。

去财主家转了一圈

有一天，一头名叫福福的猪，钻进一座富丽堂皇的大宅院中，在马厩和厨房周围随心所欲地游逛了一圈，然后它走进污泥中打了一个滚，又跑到脏水中洗了个澡。觉得舒服了之后，大摇大摆地回家了，一副自得其乐的样子。

"嗨，你去哪儿了？"同伴嘟嘟问它。

福福说："哈哈，去财主家转了一圈。"

嘟嘟说："我听说，有钱人家的住宅里尽是金银珠宝，东西也一件比一件精美。"

福福说："我向你保证他们在胡说八道。"

福福哼哼唧唧地接着说："转了一圈，我根本没看见什么珠宝——我看到的无非是泥污和垃圾罢了。"

嘟嘟说："不会吧，老大？"

福福说："怎么不会啊，你肯定想象得到，我不会吝惜鼻子，因为我把他家整个后院的泥土都翻遍了。"

奇异风向标：同学们，我们看到了两头猪的对话，是不是很好笑？福福到富人家的出行，是不是很可笑啊！因为福福只是从自己的惯常角度去思考和观察，根本就不会换个思维角度去考虑问题，也就看不到什么金银珠宝了。

思维小故事

巧沉木块

一只装满水的水桶里浮着一个木块，现在需要做的是让木块沉到桶的底部，你不能用手压住木块，也不能在木块上增加重量迫使它下沉。那么，该怎么做才能使木块沉到桶底呢？

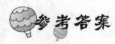 参考答案

可以在水桶的底部弄一个洞，这样木块就会随着水流的减少而向桶底下沉。

我坚信是乐谱错了

小泽征尔是日本指挥家，一次他去欧洲参加指挥大赛。决赛时被安排在最后一个出场。

小泽征尔接过评委交给的乐谱，全神贯注地指挥乐队演奏。突然，发现乐曲中出现了一点不和谐的声音。小泽征尔开始以为是演奏错了，要求乐队重奏一遍，结果仍然如此。

小泽征尔感到可能是乐谱出了问题，但是在场的资深老作曲家们和经验丰富的评委们一致确认，乐谱是没有问题的。在几百名国际音乐界权威人士面前，小泽征尔真的开始怀疑自己的判断是不是正确了。

又看了一遍乐谱之后，小泽征尔放下指挥棒，他相信自己的判断力，转过身来，坚定地对评委质疑，大声说："不，一定是乐谱错了!"

还没等小泽征尔的话音落下，全体评委都站了起来，向他报以热烈的掌声——小泽征尔大赛夺冠。

奇异风向标：同学们，你看出来了吗？评委们并没有按照最后的赛项常规进行考察，而是换了个考察的方式，精心设计了一个"圈套"，主要来考察小泽征尔的思维定力，同时对他的质疑能力和坚持真理的能力进行考核。

给灯泡算容积

爱迪生发明灯泡的过程中，他曾经请过两名普林斯顿大学数学系毕业生来公司做秘书工作。需要计算灯泡的容积的时候，这两位数学系毕业的大学生，准备用在学校中学到的数学方法来计算，结果花费了好长时间也测不出来。两个大学生为了计算灯泡的容积，一夜没睡。

第二天，爱迪生一手接过盛了水的灯泡，一手拿着有刻度的量杯，将灯泡里的水往量杯里一倒。爱迪生用这样简便的方法，在几秒钟就得到了灯泡容积的准确数据，而两位大学生却干了整整一个通宵还没

有结果。

奇异风向标： 同学们，从爱迪生对于灯泡容积的测量，你得到什么启示了？我们不要犯和上面两个大学生同样的错误，当我们面对在自己看来根本无法解决的问题时，记住把头歪歪，转换思考方法去想，问题也许就会迎刃而解了。记得试一试喽！

雪 花 呢

天津有个制呢厂，曾经在一次生产过程中，由于投料成分比例有误，结果这批呢子就出现了白花点，后果当然是商家拒收了。

怎么办呢？这个厂的工艺人员在观察和研究后，多次试验，找到了问题所在。工艺人员有计划地来个将错就错，在遵循一定规律的情况下，人为地按"错误"比例投料。

在人为的有效控制的基础上，这次生产出的呢子，白点加大了，并且呈现规律性。厂长一看，欣喜若狂，把这批呢子定名为"雪花呢"。

由于以前的呢子颜色太单一，不能满足人们的审美诉求，而新品种一投放市场，马上吸引了大批顾客。

奇异风向标： 同学们，我们看到，如果还照惯常的思维那样，这个厂的呢子未必会这样吸引顾客。在这次出错后，工艺人员善于把头歪歪，从而将思维转换一下，来个将错就错，结果收到了神奇的效果。

思维小故事

巧 分 梨

　　星期天，巴乐邀请同学们来家里做客，妈妈想拿刚买来的梨招待儿子的同学，但她发现自己只买了 5 个梨，可是客厅里的孩子加上巴乐一共有 6 个，怎样将 5 个梨平均分给 6 个孩子呢？

参考答案

可以将 3 个梨每个切成 2 份，再把另外的 2 个梨每个都切成 3 份，这样就有了 6 份 1/3 的梨，于是平均每个孩子都可以得到半个梨和一份 1/3 的梨。

季札评价晋国

春秋战国时的吴国，有一位著名的贤人叫季札，人称公子札。

有一次，季札去晋国。刚进入国境，他就感慨地说："这是个暴虐的国家。"

慢慢地到了都城，季札又说："这是个民力耗尽的国家。"

季札见了晋国的国君，回来后叹到："这真是个混乱的国家呀！"

随行的人感到莫名其妙，不解地问："您刚到这个国家，时间很短，为什么做出这样 3 个判断呢？"

季札回答道："我刚进入晋国国境，就看到百姓的田垄荒芜而不整治，官家的建筑却高大而华美。知道吗？其实这就证明百姓的生活很苦，统治者却相反，作威作福，从这些我就完全可以得出这是个暴虐的国家。"

随行的人接着问："那进城后呢？怎么说这是个民力耗尽的国家呢？"

季札回答道："进了都城，我发现新建的房子简陋而老房子结实好看，新房墙矮而老房墙高，据此，我就可以很确切地说，这个国家民力已经耗尽。"

随行的人随之又问："见了晋国的国君之后，您怎么就说这是个混乱的国家呢？"

季札回答道："至于为何我说这是个混乱的国家，是因为我在朝廷上看到，晋国国君虽然身体和精力都不错，但是他却不理国事。在朝廷上的大臣们谁都不傻，但是却没有一个人对国君进行劝谏，大家说这不是混乱又是什么呢？"

奇异风向标：同学们，我们看看季札，他并没有只看表面，而是把头歪歪，变换了思维，透过了现象直接看到了现象背后的本质。同学们，在生活中也不要轻易地被现象所迷惑哦，要学会把头歪歪，透过现象看到事物的本质。

一分为二的呼啦圈

在我国，很多女孩子和女职员为了健身都买呼啦圈，因为呼啦圈套在腰部摆动起来，可以达到增强体质、保持健美身材的目的。就因为如此，大家也称它为"健身圈"。

"健身圈"主要是用五颜六色的塑料做成的。在市场的调控下，生产"健身圈"的企业逐渐多起来，可是大家又不可能年年买"健身圈"。这就造成了许多工厂出现了产品大量积压卖不出去的现象，给企业带来了很大的经济损失。

在日本也曾出现过同样的现象，但日本的企业家却很轻松地解决了这种产品积压的问题，并且做到了变废为宝，为企业收回了大量资金。

奇异风向标：日本企业家把头歪歪，动了一下脑筋，很简单，就是把圆形的、五颜六色的呼啦圈一分为二，变成了大批的色彩鲜艳的塑料半圆。日本企业家用这些美丽的半圆来美化城市，在公园绿地上、在林阴道两旁都挂上了。这样一来，公园和城市街道因为这些点缀，显得更加秀美壮观了。把头歪歪呼啦圈一下子改变用途，废物变宝美化环境。

为什么没赶我出去

董梦是个大学生，大学毕业后到一家外资公司应聘。应聘是要考试的，在第一轮笔试之后她名落孙山。在朋友的鼓励下，她第二次来到这家公司应聘。应聘者排着长长的队伍等着参加笔试，公司的工作人员逐个验查身份证、毕业证，不合格的马上取消应聘资格。

工作人员验证刚刚结束，一位高挑秀气的女孩从办公室里出来，走到队伍前面，背着手把队伍从头到尾扫视一遍，然后厉声宣布："凡是已经参加过本公司上次考试的人请立即出去，本公司不允许第二次参加考试的。"

工作人员拿出上次应聘人员的报名表，在队伍中核对人员。看来外资企业不欢迎第二次应聘的人员，不少人从队伍中退了出来，扫兴地走了。面对此情此景，董梦同学虽然心里也感到七上八下的，但她决心坚持下去。

高个女孩的目光在她脸上停留了近一分钟，董梦站得笔直，眼睛一眨不眨地望着她。"好，你过关了，去参加下面的笔试！"

没想到，这次接下来的笔试也顺利通过。

几轮下来，三四百人参加应聘，只录用了 11 个人，董梦是其中之一。董梦还被分在办公室，其他人全部下车间工作。

第二天上班，董梦才知道那个女孩是总经理助理——杨小姐。过

— 76 —

了一段时间，一天下班后，董梦正在办公室看书，杨小姐径直朝董梦走来说："阿梦，挺爱学习的，字也写得不错，看来我坚持把你留在办公室是对的。"

董梦笑着说："可是杨经理，我当时差点被你赶出去啊!"

杨经理说："此话不假!"

董梦笑着问："那你为什么没赶我出去呢?"

杨经理翘了翘嘴角，笑了。

奇异风向标：同学们，你知道这位杨经理是怎么回答的吗？因为按一般人的思维，当杨经理说已经参加过上次考试的人就不允许参加第二次应聘了，见到这个阵势大家就都退缩了。只有董梦同学的心理素质不错，她能够做到处变不惊。原来公司是欢迎第二次应聘的，只不过要求对方在心理素质上要高些罢了。是不是把头歪歪换个思路后边的很有创意了呢?

思维小故事

侦探的洞察力

富有的卡兹太太百无聊赖，竟动起了难倒名侦探格林的念头。

这天，凌晨 2 点，格林接到卡兹太太的男管家的告急电话，说"夫人的珠宝被劫"，请他立刻赶来。

格林走进卡兹太太的卧室，掩上门，迅速查看了现场：两扇落地窗敞开着；凌乱的大床左边有一张茶几，上面放着一本书和两支燃剩 3 英寸的蜡烛，门的一侧流了一大堆烛液；一条断了的门铃拉绳扔在厚厚的绿地毯上；梳妆台的一个抽屉敞开着。

　　卡兹太太有条有理地介绍说："昨晚我正躺在床上，借着烛光看一本侦探书，门突然被风吹开了，一股强劲的穿堂风扑面而来。于是，我就拉门铃叫詹姆斯过来关门。不料，这时突然闯进来一个戴面罩的持枪者，问我珠宝放在哪里。当他将珠宝装进衣袋时詹姆斯走了进来。他将詹姆斯用门铃的拉绳捆起来，还用这玩意儿捆住我的手脚。"她边说边拿起一条长筒丝袜，"他离开时，我请他把门关上，可他只是笑笑，故意敞着门走了。詹姆斯花了20分钟才挣脱绳索来解救我。"

　　"夫人，请允许我向您精心安排的这一劫案和荒唐透顶的表演致意。"格林笑着说。

　　卡兹太太的谎言漏洞在哪里？

烛液全部淌落向门一侧说明，如果门真的如卡兹太太所述敞开那么久，烛液就不会如此逆着风口向一边淌。

圆珠笔不漏油了

匈牙利的比罗在印刷厂工作，工作内容是文字校对。主要用钢笔改清样，但是用钢笔时，常常发生浸润模糊现象。1936 年，比罗开始琢磨：能否研制一种代替钢笔的书写工具？

经过一段时间的试验，他用一根钢圆管灌满速干油墨，在一端装上钢珠作为笔尖。然后，他在各种能书写的材质上进行书写试验，发现均可留下抹不掉的痕迹，而且笔管内的油墨也不易溢出，试验成功了。

圆珠笔比自来水笔优点多，由于它使用的油墨是干稠性的，又是依靠笔头上自由转动的钢珠带出来转写到纸上，所以基本上不渗漏，受温度变化影响也小，并且书写时间较长，省去了需经常灌注墨水的麻烦。

但是这种笔也存在漏油的缺点。为此，人们一直在寻找耐磨的笔珠材料，但进展不大。到1950 年，日本发明家中田藤三郎，通过认真研究发现，圆珠笔在写到两万个字时开始漏油。怎么办呢？

中田藤三郎想，如果我把油墨控制到只能写 1.5 万字左右的量，不就可以解决漏油问题了吗？

经过试验，中田藤三郎获得了成功。目前，仅日本一年就要消耗

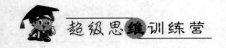

4 亿支圆珠笔。

奇异风向标：同学们，你也在用圆珠笔吧？我们看到中田藤三郎获得了成功。他打破了匈牙利人比罗的常规的思维方式，而是把头歪歪，另辟新路。他认为总在如何控制漏油上做文章，那是绝对不会成功的。中田藤三郎将思维方式一转，不等它漏油就让笔用完。同学们，如果有些问题从正面角度进行思考，极其难以解决的话，我们不妨从反面来考虑，问题也许就迎刃而解了。

转笔刀诞生了

普通的木制铅笔在学生中被广泛使用，这就需要相应削笔的工具。起初人们使用专用的小刀削铅笔，但是使用很不方便，削好的铅笔也不美观。

法国数学家伯纳德·拉斯蒙想，怎样才能省力、省时，削出的铅笔又美观又好用呢？经过多次实验，他灵机一动，何不固定刀片的位置，通过旋转卡位来削铅笔？就这样转笔刀诞生了。

转笔刀的出现，使得削铅笔这一麻烦的动作变得简单起来，削出的铅笔也整齐漂亮，并且比用刀削铅笔更加节约。伯纳德·拉斯蒙在1828年申请了第一个转笔刀的专利。

目前，固定刀片加上旋转卡位装置的转笔刀已经被广泛使用，成为小学生必备的文具之一了。转笔刀仍然因其美观、方便、安全、环保的特点，发挥着其重要的作用。

奇异风向标：同学们，我们看到了转笔刀诞生的故事，大家看看伯纳德·拉斯蒙，他看到铅笔和小刀都转动的情况下，削出来的铅笔肯定是参差不齐的，外观很难看，并且费事。他把头歪歪，换角度思考了，让刀片固定，结合了旋转卡位装置，这样让铅笔固定，只转动旋转卡位就可以了，削出来的铅笔既美观又省时省力，还很安全，铅笔屑也不会到处乱溅而造成环境污染了。真是一举多得！

发 电 机

如今我们工作和生活中到处用电，没有电是不可想象的。电，对我们来说太重要了。电之所以能被广泛利用，主要是法拉第为人类带来了福音。

由于丹麦人奥斯特发现导线上通电流，能使附近的磁针偏转，这使得法拉第想到磁铁也能使通电导线移动，就这样，他发明了发电机。

法拉第想：怎么能研究出发电机呢？在实验室中，法拉第想到，电能生磁，反过来呢？灵机一动，他立刻开始验证自己的设想，最后终于发现磁也能生电。这一发现导致了发电机的诞生。

正是法拉第反过来试试看的想法，使大规模生产和利用电能成为可能，从而带来了第三次产业革命。

奇异风向标：同学们，法拉第的成功说明了把头歪歪逆向思维的重要性。同学们，我们身处的这个世界，其实就是由相互对立的事物组成的，并且是完美和谐统一的世界，世界上的每一个事物都存在相互对立的两个方面。也就是说，事物在很多时候，其过程都是可逆的，并且两种截然相反的方法，在某时可以解决同一问题。

但是很遗憾的是，多数人受过太多的是传统教育，愿意停留在对错判断上，只要采取一种方法了，就动辄排斥与之相反的方法。同学们，我们要学会把头歪歪，换个角度思考，或许会有更大的收获。

思维小故事

可乐投毒

格兰特警官的好友鲁伊是位棒球教练。

这天，鲁伊急匆匆地跑来警局，哭丧着脸报案，并讲述了事情的经过。

"今天我回家比较晚，到家时已经快 10 点了。进门后我发现女儿凯丽趴在桌上。开始我以为她睡着了，叫了好几声不见她回答，走近

一看才知道她已经死了。"

格兰特警官立即赶赴现场，在桌上发现了已经喝了半听的可口可乐。经化验证明，里面混有氰化物。桌子上，零散放着几张信纸，其中一张信纸上放着那半听混有氰化物的可口可乐。那张信纸上的钢笔字迹十分清晰。

"这个听装的可口可乐原来放在哪儿？"格兰特警官问道。

"是在厨房的冰箱里。"鲁伊回答，"我女儿最爱喝冰镇的可口可乐，所以我家冰箱里总是备有大量的可口可乐，谁料到竟然有人借此投毒害死了她……"

格兰特打开冰箱看了看，又回到凯丽的闺房。他拿起桌上的一张信纸看了看，问助手："这些信纸都鉴定过了吗？""是的，经鉴定，上面的字迹和指纹全是凯丽的，信纸上写的都是有关失恋的诗句。"

"鲁伊，你女儿恋爱了吗？"格兰特问。

"是的。"鲁伊答道，"由于我不同意她小小年纪就涉足爱河，所以她与男朋友在几天前分手了。"

格兰特又抽出了那张压在可口可乐下的信纸端详了一会儿，又问："那听可口可乐一直都是压在这张信纸上的吗？"

"是的，没有人动过它。"鲁伊答道。

格兰特思考了片刻，判断说："这听可口可乐不是凯丽从冰箱里取的，而是案犯拿来让她喝下致死的！"

请问：是什么原因让警官做出这样的判断呢？

参考答案

在冰箱取出的可口可乐是冷却的，遇热会有水渍留在信纸上。

奇思妙想一箩筐

第三编 发 散 篇

引 子

发散思维主要是锻炼大家的思维广阔性。我们可以进行大跨度的联想,通过这种大胆的联想而产生全新的观念,解决更多的问题,采取更有创意的行动等。发散思维可以使我们在思考问题上更加全面周到。可见,发散思维不仅具有发现和提出新问题的功能,还能使我们在创造性地解决问题上思维更流畅,在处理问题上方法更灵活、视野更开阔。同时,进一步增强我们的想象力和记忆力,以及思维综合能力,使处理问题的失误率降到最低点。

咖喱和菲菲的谎话

咖喱和菲菲一起玩耍。

咖喱说:"我以前只说过两次谎话。"

菲菲说:"那么这就是你第三次说谎。"

同学们，请问：咖喱和菲菲，谁的话是错的？

奇异风向标：菲菲的话肯定是错的。

首先，咖喱如果说对了，那么菲菲的判断是错的。因为咖喱以前确实说过两次谎话。

其次，咖喱如果说错了，即以前不是说过两次谎话，可能说过一次，也可能说过两次以上，那么菲菲所说的"这就是你第三次说谎"，这种判断显然也是错误的。我们主要是反向来推断的。同学们，你发现了吗？换个思维是不是很容易得出正确的判断啊！

安全过河

现只有一条小船，有 7 个人和一条猎狗要过河，但是小船每次只能载两个人。要过河的分别是：猎人和猎狗，老爷爷和两个孙子，老奶奶和两个孙女。

条件：第一，猎人不在狗身边，狗会乱咬人。

第二，老爷爷不在时，老奶奶会打他的孙子 A 和孙子 B。

第三，老奶奶不在时，老爷爷会打她的孙女 A 和孙女 B。

第四，这 7 个人中，只有猎人、老爷爷和老奶奶会划船。

同学们想一想，这 7 个人和一条猎狗怎么样才能都安全过河呢？

奇异风向标：同学们，让我们一步步地把头歪歪进行思考。首先，猎人先带猎狗过河，再回来带孙子 A 过河，但是猎人不在会咬人，所以让猎人把猎狗带回来。

第二次，老爷爷划船，把孙子 B 带过河，再把老奶奶带过河，但是老奶奶会打孙子，所以再把老奶奶带回来。

第三次，猎人带猎狗过河。

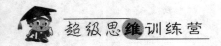

第四次，老爷爷回来带老奶奶过河。

第五次，老奶奶回来带孙女 A 过去。

第六次，猎人带猎狗回来，只带孙女 B 过河，然后划回来再带猎狗过河。

好了，我们转换一下思维方式，就能正确地解决问题。

思维小故事

旱冰男孩

中学一年级学生 A 君，某星期日骑着一辆新买的自行车去公园游

玩。突然，他觉得肚子不好受，便去了厕所。可是几分钟后他出来一看，原来停在厕所外上了锁的自行车不见了，不禁大吃一惊。

因为车子前轮锁上了链锁，如果没有另配的钥匙开锁，只有切断锁链，否则绝不可能将车骑走。

实际上，是在附近玩耍的一个滑旱冰的男孩，因为调皮，擅自将自行车骑走在公园里转了一圈。那么，这个男孩用什么方法在前轮不转的情况下就将自行车骑走了呢？

 **参考答案**

滑旱冰的男孩将旱冰鞋绑在自行车前轮下就将车骑走了。自行车的脚蹬是带动后轮转动的，前轮只是被动转，所以即使被锁上链锁，在车轮下绑上旱冰鞋，再蹬脚蹬也是可以骑走的。

白帽子和黑帽子

蓝猫、咖喱、淘气3个人说天气热，需要买顶帽子，淘气自告奋勇为大家去跑腿。他买回来两顶白帽子、一顶黑帽子。淘气给蓝猫和咖喱两个戴上帽子，戴好后说："看到没有，我这两白一黑，等我给你们戴好后才能睁开眼睛，猜猜你们各自戴的是什么颜色的帽子。"等淘气给他们戴好后，他们睁开眼睛了，停留了一会儿，蓝猫和咖喱都说自己帽子的颜色是白色。淘气很疑惑，他们是怎么知道的呢？

奇异风向标：同学们，你知道是怎么得出的吗？告诉你哦，把头歪歪从反的方向去想，他们睁开眼睛看到了淘气手中的是黑色的帽子，因为淘气买来的3顶帽子一黑两白，因为黑帽子在淘气手里，所

奇思妙想一箩筐

以咖喱和菲菲不用犹豫就说出他们戴的都是白帽子。

哈佛大学校长体会人生

哈佛大学的一位校长，有一年曾向学校请假3个月。他告诉家人："不要问我去了什么地方，我每星期都会给你们打个电话报个平安的。"

第一个月，他就去了美国南部的乡村，找到一个农场，干起了农活。在田地里做工时，背着老板吸几支烟，或者与自己的工友偷偷讲几句话，这些都令他兴奋不已。

第二个月，他又去饭店刷盘子。和打工仔一起又说又笑让他非常快乐。

第三个月，他在一家餐厅找到了一个刷盘子的工作。奇怪的是，他只工作了4小时，就被老板给解雇了。

老板对他说："老头，你刷盘子刷得也太慢了吧！"

于是，校长又回到了哈佛，回到了他曾经熟悉的工作岗位上。但他感到好像换了一个天地。因为他确确实实地意识到：他的工作岗位是一种象征、一种荣誉。

3个月的乡村生活体验，使哈佛大学校长改变了对人生的看法。

奇异风向标：哈佛大学的这位校长通过参与各种类型的社会活动，在实践中他有了新的认识、新的发现，在体验上有了某种新的视角，并从新的视角来思考从前考虑过的问题，获得新的认识和理解，发现新的意义和价值。同学们，我们看到了哈佛大学校长通过自己的各种实践，能够换角度看问题，我们作为学生也要学会从不同的角度去认识事物、体验人生。

福 娃

北京 2008 年奥运会吉祥物是什么？对，是福娃。你知道吗？福娃的色彩与灵感来源于奥林匹克五环，来源于中国辽阔的山川大地、江河湖海和人们喜爱的动物形象。

你知道福娃象征着什么吗？福娃向世界各地的孩子们传递友谊、和平、积极进取的精神，以及人与自然和谐相处的美好愿望。

福娃有几个伙伴？对，是 5 个可爱的亲密小伙伴。他们的造型都像什么？有鱼、大熊猫、藏羚羊和燕子以及奥林匹克圣火的形象。

我们都知道，每个娃娃都有一个朗朗上口的名字：贝贝、晶晶、欢欢、迎迎、妮妮。在中国，叠音名字是对孩子表达喜爱的一种传统方式。当把 5 个福娃的名字连在一起时，你会读出来了吧——"北京欢迎你"，这是北京对世界的盛情邀请！

福娃的原型和头饰还有一定的意义呢，它们蕴含着与海洋、森林、火、大地和天空的联系，应用了中国传统艺术的表现方式，展现了中华灿烂的文化历史。

在我们中国，很久以前就有通过符号传递祝福的传统。所以，北京奥运会吉祥物的每个娃娃都代表着一个美好的祝愿——繁荣、欢乐、激情、健康与好运。娃娃们带着中华儿女的盛情，将祝福带往世界每个角落，邀请各国人民共聚北京，共襄 2008 奥运盛典，这是很有创意的。

奇异风向标：同学们，我们看到，福娃的设计者就是灵活运用了发散思维。他从事物的每一种现象、每一种形态、每一种性质，引发

奇思妙想一箩筐

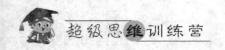

各种不同的新思维。我们看到的是创新思维所具有的非凡魅力。同学们，要实现创新，就要学会运用发散的换角度思考的思维方式，这样才会有无穷的创造力。

聪明的小王帆

第四届全国青少年发明创造比赛中，湖北省小学生王帆发明的双尖绣花针获得一等奖。小王帆才10岁就获得了中国发明协会的专项发明奖。

小王帆以前仔细观察过周围大人们的湘绣绣花的整个过程，他看到绣花针刺到布下面，针尖是朝下的，要想向上扎刺到布的上面来，则需要掉转针头；而再往下刺的时候，又需要再次掉转针头。这样反复操作，小王帆觉得比较费事。

小王帆想，常规的绣花针一端是针尖，另一端是针鼻儿，能不能不掉转针头进行刺绣呢？又一想，用针鼻儿不能代替针尖的功能，反过来针尖也不能代替针鼻儿的功能。那可怎么改进呢？

怎么能使得湘绣绣花的整个过程变轻松呢？小王帆想，要是不掉转绣花针进行刺绣，绣花针必须两端是一样的。要不让两端都是针尖？不行！那针鼻儿怎么办呢？他转换了思维思考，我将针鼻儿放在针的中段位置，让两端都是尖，不就行了！

小王帆终于发明了这种双尖绣花针，两头是尖，下面的针尖，可以刺透绣花布，从下面拔出针，上面也有尖，这样就不用掉转绣花针而连续地刺绣了，无形中大大减少了刺绣操作的步骤，可想而知也能大大地提高刺绣速度。

小王帆发明的双尖绣花针其实很简单，但是非常新颖，并且具有很强的实用价值。

奇异风向标：同学们，我们看小王帆就是利用转换常规的思维方法，把头歪歪，换了思考的角度，把单向的绣花针改为双向对称的，发明了双尖绣花针。同学们，小王帆才 10 岁，和我们一样是小学生，我们的多数人都拥有一定的创新天赋，但由于大家盲从于习惯，不敢标新立异，也就很难取得成功了。可见，成功只属于那些敢于标新立异的人。

繁星满天怎么办

第二次世界大战末期，苏军开始攻占法西斯德国的首都柏林，这是一个非常有战略意义的战役。希特勒想拖延战争，等待反法西斯同盟内部分裂再反扑，就调集近百万军队死守柏林。

在 1945 年春天的一个晚上，苏军想彻底消灭德军于其巢穴，结束欧洲战争，就从三个方面集中兵力包围、进攻柏林。

不巧的是，那天夜里天上偏偏繁星满天，这就造成了大部队出击的时候很难做到高度隐蔽，很难做到不被敌人察觉。怎么办呢？

当时的苏军元帅朱可夫思索了许久，猛然想到并做出决定：把全军所有的大型探照灯都集中起来。就这样，在向德军发起进攻的那天晚上，苏军的 100 多台大探照灯同时射向德军阵地，由于探照灯发出极强的亮光，把隐蔽在防御工事里的德军照得都不敢睁眼，一睁眼什么也看不见，只有被动挨打的份儿，无法还击，苏军很快突破了德军的防线，最终取得了胜利。

奇异风向标：同学们，看了苏军战胜德军的神奇战术之后，你受到什么启发呢？在我们的生活和学习中，常会遇到一些困难，处在困

奇思妙想一箩筐

境中，正常的思路解决难题可能无效，那么在这时，就要像喝瓶底的水一样，当你喝不到、够不着的时候，只要把瓶子倒过来就能喝上了。可见，正是朱可夫元帅把头歪歪运用这种"倒过来想"的战术，使苏军很快突破了德军的防线并获得胜利。

阿柄买剪刀

阿森是个哑巴，一天，他去五金店铺买钉子，由于不能讲话就对店主比划。他把左手食指按在桌子上，右手握拳轻捶左手食指末端，接着又指了指自己的左手食指。店主看了他的一连串的动作就明白了，他是要买钉子。

阿柄是个瞎子，一个大雨天也来这家五金店铺，他要买剪刀。在店铺避雨的人说："阿柄，看不见可怎么能买到自己想要的剪子啊？"是啊，同学们，你说他应该怎么办？

奇异风向标：同学们，大家想到了吗？其实很简单的，关键是我们大家不能顺着避雨的这帮人的思维去想，我们要把头歪歪，变换思维方式。避雨的人们的担心是多余的，阿柄进门就对老板说："我要买一把剪刀。"

哈哈，因为阿炳虽然是瞎子不能看见，但是他不哑啊，他是可以说话的。

思维小故事

雷鸣之夜

    这是个春天里少见的雷鸣之夜，当独身的推理小说家在家里写作时，被人从背后刺了一刀而身亡。

    第二天，尸体被发现时，写字台上的荧光台灯还亮着，这是一盏没有启动器的简易日光灯。但奇怪的是，写字台上放着的一只手电筒也是亮着的。

奇思妙想一箩筐

"昨天夜里这座公寓停电大约30分钟,所以,被害人一定是在停电期间借着手电筒的光写小说时被害的。"管理员这样说。"不,杀人事件发生在来电之后,凶手是伪装成停电时作的案,才特意将手电筒打开,然后逃走的。"刑警看了一眼现场就做出了判断。

那么,证据何在?

参考答案

简易日光灯没有启动器,如果是停电时作的案,来电后不会自己亮。

鲁国人到了越国能生存吗

在我国古代曾经有个鲁国人,他擅长编草鞋,他的妻子擅长织白绢。他想将生意扩大到越国去。

他的好友对他说:"我劝你别到越国去,不听我的,你去了的话肯定会受穷的。"

鲁国人问:"你说那为什么?"

他的好友说:"这还不明白吗?草鞋是用来穿着走路的,但是越国人是不穿鞋子的,他们赤足走路都习惯了;再说这白绢,主要是用来做帽子的,但是,你知道吗?人家越国人披头散发都习惯了。你的长处,在咱们鲁国还是有用场的,但是你到了越国那个地方是没有用武之地的。老兄啊,你想一想吧,你到越国的话,自己要不受穷,还会有什么呢?"

奇异风向标:同学们,大家看了鲁国人的好友的规劝,难道鲁国人去了越国就真的活不下去，会贫穷至死吗？

告诉大家最后的结果吧，鲁国人并没有像自己的好友那样想，而是发挥了自己的长处。鲁国人把头歪歪，换了一个思路：越国人是不穿鞋子、不戴帽子，可这也正好是一片市场空白。鲁国人对越国人讲了穿草鞋干活比赤脚干活好处多多，经过尝试，越国人确实发现，穿上鞋脚会感到更舒服，结果鲁国人在那儿的生意很好。妻子那白绢的出路也一样，越国人觉察到戴帽子比光头要舒服得多，所以白绢的销路也很好。

生命与尊严的取舍

传说中，有一只美丽的孔雀，由于它的尾巴上的羽毛长而漂亮，深受大家的喜爱。

正因为尾巴漂亮，孔雀自己也时常感到骄傲和自豪。孔雀每次飞到河边，都不由自主地在岸边欣赏自己在水中美丽的倒影，不愿意回家。

孔雀走进山里休息的时候，也总是选择好地方才休息，它只选择能够掩藏好尾巴的地方，只有感觉到自己的尾巴安全了，才能睡得着。

即使在半夜，倘若有什么风吹草动，孔雀睁开眼的第一件事，就是看一看自己的尾巴是否还在，看看是否被伤到了。

孔雀很爱自己的尾巴，爱得死去活来的，好像生活就为了这个尾巴一样。但正是这条迷人的尾巴，竟然给它带来难以想象的灾难。

突然间电闪雷鸣，天下雨了，外面飞鸟的羽毛都淋湿了。正是在这样恶劣的天气，猎人们走出家门开始捕杀鸟类。猎人想到的是雨天鸟是飞不快的，更难飞得高了。猎人们商量好后，悄悄地用罗网把孔雀及其他鸟休息的地方包围了。

正在边上放哨的一只鸟发觉了，惊叫起来，这样所有的鸟都不顾一切往外飞。孔雀它也想飞，但是很舍不得自己的尾巴，它担心在雨中飞，会对自己的尾部羽毛损伤太大。

可是不走吧，看到其他的鸟都纷纷地飞走了，孔雀望着自己的尾巴，犹豫不决。猎人见状兴奋不已，因为就这样轻而易举地捕获了一只美丽的孔雀。

奇异风向标：同学们，看了美丽的孔雀爱护自己美丽尾巴的故事，你受到什么启发呢？固然，孔雀尾巴漂亮大家很是喜爱。然而，也正是这条迷人的尾巴，给它带来不幸的灾难——轻而易举地被猎人抓住了。

孔雀的下场大家猜到了，我们大家为拥有美丽尾巴的孔雀的命运而感到可惜，因为它的思维方式过于单一了，不会把头歪歪，换个角度思考，孔雀为了美丽的尾巴，付出了自由甚至生命的代价，其原因就在于它在生命和美丽与尊严面前不会做出正确的选择。

计划取消了

曾经有这样一位画家，他技艺超群，可是却一直名气不大。这使得他很郁闷，试图改变一下这种状况。

怎么做呢？他左思右想，想从自己这 10 多年来的作品中，挑选出一幅自己认为最好的作品，请当地有名的画家给他的作品做一下点评。

画家想"如果我碰到了伯乐，那么，我离出头之日也就不远了。"

画家打定主意后，就开始翻箱倒柜地找，把自己所有的作品全都拿了出来：可是挑选了一整天，最后，他认为自己的 100 幅作品，都比较满意。

第二天，画家继续挑选，这次比昨天更为细心，从这 100 幅作品中画家选定了 10 幅。

到了第三天，画家再次认真地欣赏着这 10 幅作品，经过认真的筛选之后，最终在这 10 副作品中选出了 1 幅。

画家拿着这幅作品反复地看了又看，发现这幅作品不愧是百里挑一的好画。他认为不管是从画工上，还是从创意上，此画都是无懈可击的。画家打定了主意，决定第二天一大早就拿着这幅作品，去本市最有名的画家那里去让专家给点评一下。

画家感到非常激动，以致晚上睡不着觉。他在床上翻来覆去地想，一个时辰后穿上了衣服走下床。画家把灯打开，又拿出这幅百里挑一的作品，仔细地端详起来。

突然，画家的心情开始紧张起来，因为自己明天就要面对本市威望最高的画家了，如果专家对这张画感兴趣，那是很走运的事，自己这么多年的心血总算没白费。

画家把这幅作品中的每一笔都看得非常仔细，生怕有半点儿遗漏被专家笑话。由于考虑得太多，他的手开始发起抖，额头渗出了汗滴。

"啊！"画家惊叫了一声，他竟然发现自己画中有一笔弧线不够圆滑，心一下凉了半截儿，可是又一想，"这一笔虽然处理得不够精确，但并不影响我的画卷风格，普通人可能是看不出来的。但是，明天我要见的是全市最有威望的名画家，他是专家啊，我的这一败笔，怎能逃得过他的眼睛呢？"就为这，画家烦恼极了。

他的心情变得越发的烦躁，再来审视自己的画，怎么画中的毛病越挑越多呢？天眼看就亮了，这位画家折磨了一夜。他手里拿着这幅百里挑一的作品，眼睛发直，因为他自己都开始怀疑自己的画技了。

他自己认为，目前绘画的水平，充其量算个不入流的画家而已。

他想："我有资格拿这幅一文不值的作品，让本市最有威望的专家给作点评吗？"

天终于亮了，这位画家静静地将这幅百里挑一的作品又放回了原处，他的心已经平静下来了，也将今天要去拜访名画家的计划取消了，他拿出了笔和纸继续练习画画了。

奇异风向标：同学们，大家看了画家的这个故事后，有什么感触吗？这个画家能够对自己的作品把头歪歪，多角度审视。

上文中的这位画家，能够从多角度审视自己的作品，从而发现诸多问题，最终取消了拜访名画家的计划，认识到了自己的绘画功底不够深厚。最终决定要提高自身的绘画本领，才是最终能够成名的关键所在。

漂亮的大公鸡

森林里曾经有一只美丽的大公鸡，它长着大红的鸡冠子，匀称的鸡脖子，身上披着油光发亮的美丽羽毛。大公鸡也认为自己是动物世界最美丽的动物了，于是感到非常骄傲。它决定出去与别的动物比一比，来显示一下自己的美丽。

大公鸡踱着方步，来到森林深处，碰见了正在采集松果的松鼠，高兴地说："小松鼠，下来啊，我们来比一下谁更美丽吧！"

松鼠摇摇头，一口回绝了公鸡，说："我还要采集松果，没空跟你比美的。"

大公鸡十分气愤地说："切！不比就不比，神气什么啊！谁还不知道你是怕比不过我，不过是个借口罢了。"

小松鼠只管采集自己的松果，不去理会公鸡。大公鸡见状，没趣地走了。

大公鸡继续走着，遇上一只羊妈妈，正在津津有味地吃青草。大公鸡飞快地跑上前去，娇滴滴地说："山羊，抬起头来，我们来比美吧！"

羊妈妈说："对不起，我正在吃草，如果我吃不饱就没奶了，我的羊宝宝就要饿肚子了。"

公鸡瞪了羊妈妈一眼，很失望地继续向前走。

大公鸡抬头一看，突然见到了森林王国的森林仙子。"森林仙子，你能告诉我吗？为什么大家都不肯跟我比美呢？"公鸡垂头丧气地问。

森林仙子严肃地说："唉，大公鸡啊，你要知道，那是因为每个人都有它自己的事情要做。而你整天游手好闲，只知道跟别人比美，自己为什么不能做好一件事呢？"

听过森林仙子一席话，大公鸡脸红了，说："森林仙子，我终于明白了。"

大公鸡不再到处炫耀了。它想："我也得做点儿事了。"它想了好久，想到每天早晨自己睡觉按时醒来，可别人还在昏沉睡着，我可以到点儿叫醒它们呀！

就这样，大公鸡就每天按时打鸣，为大家报时，催促大家按时起床。慢慢的大家都称赞大公鸡不仅长得漂亮，做得也好。

奇异风向标：同学们，你说这个大公鸡拥有红红的鸡冠、长长的脖子，还有油光发亮的羽毛，是不是很美丽呢？当然也是值得骄傲的！可是，大公鸡在生活中只关心自己的这种美丽了，就不为大家所喜欢。还是森林仙子一席话的点拨，大公鸡才明白到处炫耀自己的美丽，属于游手好闲，能做好一件事才是漂亮的。

大公鸡最后能够把头歪歪，换了角度思考，是值得大家欣赏的。

大公鸡把自己能为大家做好事的真正美，展示给大家，这才是最光荣的。

我很委屈

一个知名记者访问一名小朋友，问道："孩子，你长大后想要干什么啊？"

这个小朋友天真地回答："我啊……我要当飞行员！"

记者接着问："那好，如果有一天，你的飞机飞到太平洋的上空，可是就在这时，所有引擎都熄火了，小朋友你会怎么办呢？"

这个小朋友想了一会儿说："我啊，首先会告诉坐在飞机上的人都绑好安全带，然后我挂上我的降落伞就跳出去。"

台下的观众笑得前仰后合。记者继续着注视这孩子，想看他是不是自作聪明的家伙。没想到，孩子感到很委屈，两行泪顺着眼角流了下来，记者感觉到这孩子的自尊心，已经被观众的嘲笑声深深地伤害了。

于是记者又问他说："孩子，你为什么要这样去做呢？"

这个孩子不假思索地说："我要去拿燃料，我还要回来的！"

奇异风向标： 同学们，我们看到这个小朋友的想法是真实的，是单纯而善良的。然而这些台下的观众，只会从自己的惯常思维出发，没有把头歪歪变换角度从孩子的愿望出发，没有理解孩子善良而纯真的心灵。

理发难题

有一天，一个光头男人来到了理发店，很沉稳地坐下了。

理发师问："先生，您这是要……"

光头男人说："本来我想做头皮移植，但想起来过于痛苦了。我想来让你给我整个头型，条件是让我的头发看起来像你的一样，还有就是不能让我有任何痛苦，如果能够达到我的要求的话，我马上付你2000元钱。"

理发师说："没问题的。"

理发师对着镜子，很快将自己剃成光头。

奇异风向标： 同学们，我们看到这个小故事中的理发师，面对光头的顾客提出的苛刻要求，并没有被这个奇怪的顾客难为倒，而是把头歪歪，抓住"让我的头发，看起来像你的一样"这一关键条件，进行了思考角度的转换，把自己剃成光头，这样既满足了顾客的种种条件，又很轻松地解决了难题。

思维小故事

切分蛋糕

钱女士女儿结婚，需要一个蛋糕，当她到糕点店时，糕点师说所有的双层蛋糕都卖完了。怎么办？糕点师说，他们店里还剩下一个方

形蛋糕，如果切开可以再组成双层的蛋糕，然后涂上奶油，切口的地方也不容易看出来。

钱女士觉得有点不可行，但是糕点师说可以。做双层蛋糕，下层蛋糕的边长是上层的两倍。这是个需要动点脑筋才能完成的活。糕点师傅说，为了避免蛋糕破碎，自己要尽量在蛋糕上少切几刀。

那么，糕点师傅应该怎样切呢？

参考答案

方形蛋糕 ABCD，在 3 条边 AB、BC、CD 上分别画出中点 X、Y、Z，从 D 到 X 切一条直线，从 A 到 Y 切一条直线，然后从 B 到 Z 的方向切，最后一刀与第一刀会合时停下来，然后各部分拼起来即可。

豆豆和爸爸去捉鱼

豆豆和爸爸去池塘摸鱼。

到了池塘边，爸爸吩咐儿子摸鱼时不要弄出声，否则，鱼就会吓得往水深处跑，就不会捉到一条鱼了。豆豆跟随着爸爸半天也没捉到几条鱼。

有一天，豆豆一个人去池塘边捉鱼，竟捉了半桶鱼。爸爸忙问："儿子，你是怎么捉到这么多的？"

豆豆说："爸爸，您不是说一有声响，鱼就会往深处跑吗？所以，我就先在池塘中央挖了一个深水坑，再向池塘四周扔石子，当鱼跑进深坑，我只管摸鱼就是了，所以捉到了很多的鱼。"

奇异风向标：同学们，大家看看豆豆是不是很聪明的啊！爸爸的思维固定在不要出声，因为鱼会被声音吓跑。而豆豆呢？把头歪歪，将思维放在整个池塘的鱼上，他反而利用了鱼害怕声音这一特性。

可见，爸爸的思维方式是有限的，丧失了思维的创造性；而豆豆则不然，把头歪歪，变换了思维角度，将问题很好地解决了。

同学们，我们大家在学习和生活中，不能盲从，盲从会使得我们的思维受到束缚，而大胆地把头歪歪，转换思维定式，我们就可以发现更多的解决问题的方法。

汤姆摆瓶子

约翰给汤姆出了一道题："我这儿有 4 个瓶子，怎样摆放才能使

奇思妙想一箩筐

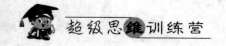

其中每两个瓶子的距离都相等呢?"

汤姆想了半天,办法是什么呢?怎么摆放呢?

奇异风向标:同学们,你想出来了吗?怎么帮助汤姆来摆放这4个瓶子啊?其实这道题一点都不难,把4个瓶子分别放在正四面体的四个顶点上即可。

乒乓球新打法

同学们,大家喜欢打乒乓球吧!左推右攻打法,是以往惯用的打法了。但是这种打法越来越暴露出它的局限性。在我国,有个乒乓球运动员发明运用了直拍横打的方法,这一方法完全能够弥补反手位的不足。这个队员就是王皓。

王皓的摸索,其指导思想是想脱离"基于传统打法的反手位技术补充"。他不想用横拍反手技术作为直板的补充,而是把头歪歪,逆转思维方式,把拥有全面的反面技术的直板,看作是一种吸取了直板优势的改良型横拍打法。

在这种思维指导下,王皓发明了新的乒乓球打法,大家都认为,这种打法有相当的潜力可挖。

奇异风向标:同学们,你看清楚了吗?王皓发明的新打法,实质上就是反转型逆向思维方法在体育运动中的成功运用。在乒乓球领域,有些问题如果在运用正向思维不一定容易找到所需要的秒杀。这时,我们不妨把头歪歪,运用反向思维法,摆脱常规思维的羁绊,常常会取得意想不到的效果。

我们大家在学习中也是如此,善于运用反向思维,会大大提高做题的速度。

思维小故事

聪明的方法

　　从前，有个国家有一个非常聪明的人叫贾斯。贾斯的智慧传到了国王的耳朵里，国王经常邀请他到皇宫里给自己讲一些智慧的故事。贾斯每次见国王的时候，并不像其他人那样给国王低头鞠躬。

　　有一次，有个大臣说到了这件事，说贾斯固然聪明，但是不尊重国王。国王也觉得有点恼怒，所以他命令宫里的侍卫在贾斯经过的皇

奇思妙想一箩筐

宫大门上横向钉了一根木头。国王想，这下我就站在大门里，不相信你进大门的时候能不低头就走进来，你一低头就等于是向我低头了。

但是，让国王感到意外的是，贾斯仍然没有低头就走进了皇宫。那么，他到底是怎样做的呢？

参考答案

看到这块横在皇宫大门上的木头，贾斯就低下头弯着腰后退着进了大门。这样一来，他还是没有向国王低头，所以国王的计策失败了。

和尚买梳子

曾经有两个做梳子的，阿成和阿福，他们每天走街串巷，到处卖自己做的梳子。

有一天，阿成和阿福二人结伴外出，无意中经过一处寺院。望着人来人往的寺院，阿成大失所望，“唉，怎么会跑到这个鬼地方，这里全是一群没有头发的人，哪有和尚会买梳子呢?”于是，阿成回家了。

刚刚看到寺院的招牌，阿福本来也是心内一凉，非常失望，他抱着试试看的态度走进了寺院。见面施礼后，阿福问道：“方丈，您身为寺院住持，可是有一件事，您做得已经违背了佛的本意了！”

方丈听后满脸诧异，诚惶诚恐地问道：“请施主多多指点。”

阿福接着说：“您想啊，每天有这么多善男信女长途跋涉而来，只为拜佛祈福。但是这样满脸污垢、披头散发地拜佛，您说对佛尊敬吗？所以，我说您身为寺院的住持，对此视而不见，是不是违背了佛的本意了呢?"

方丈一听有道理,并感觉惭愧,问道:"那依您的高见,应该怎样做呢?"

阿福说:"方丈不要着急,很好办到,等烧香的香客来到这里,您可以安排盥洗间一处,然后备上几把梳子。香客们梳洗完毕,干干净净地去拜佛,不是很完美的做法吗?"

方丈赶快谢过阿福:"多谢您的高见了,我明天就安排人下山去买梳子。"

阿福笑了,说:"方丈,您不用下山了,我已经为您准备好了一批梳子,我这次低价卖给您,就算是我阿福对佛尽些心意吧!"

就这样,阿福以每把 3 元的价格卖给了老方丈 10 把梳子。

阿福高兴地跑回家,阿成看到满头大汗的阿福。

"嗨,阿福,和尚们买梳子了吗?"阿成调侃道。

阿福回答说:"买了,不过不多,仅仅 10 把而已。"

阿成诧异地问:"什么? 10 把梳子你都卖给了和尚?"阿成瞪着眼睛,张开嘴巴惊讶得很,说:"不会吧,和尚怎么会买梳子呢?"

奇异风向标:同学们,大家看"要把梳子卖给和尚"是多么离奇,看上去是多么不可能完成的任务啊!阿成只会用惯有的线性思维模式去考虑问题,拘泥于梳子的本身功能价值,那当然是卖不出去的。而阿福呢,把头歪歪,摆脱惯常的思维方式,勇于开拓,敢于创新,敢想常人没想到的,做常人没做到的,所以阿福成功了。

寺庙赠梳子

阿福就把自己刚才在寺庙中是怎样说服方丈买梳子的经历告诉

奇思妙想一箩筐

了阿成。阿成听完以后很受启发，脑筋一转，计上心来。

当天晚上他没睡觉，连夜赶制了100把梳子，并在每把梳子上都画了一个憨态可掬的小和尚，还在梳子上刻上了那个寺院的名字。

天刚刚亮，阿成就带着这100把特制的梳子来到了昨天阿福去的那个寺院，也来找那个方丈。

阿成对方丈深深地行了个礼，开口说道："方丈，来咱们这寺庙的香客可是真多啊！您难道不想让我们的寺院名声远播、香火更盛吗？"

方丈没等阿成说完就答："当然想啊，并且每天都在考虑这件事。不知施主您来有何高见？"

阿成说："我每天在附近卖梳子，本地方圆百里以内，共有寺庙5座，每处寺庙的服务都差不多，竞争都波及到寺庙了，很是激烈。比如，您昨天所安排的香客梳洗，光这一服务措施在其他的寺庙，人家两个月前就开始了。所以要想让香火更盛、名声更大，您得多做一些别的寺庙中还没做的事情，您说是不是这个理儿呢？"

方丈一听很在理，就问："请问施主，鄙寺还能为香客们做些什么呢？您给提个醒儿，如何？"

阿成说："好的，您看啊，香客们来也匆匆，去也匆匆，为何不让大家空手而来，再空手而归，而是变成有获而回呢？"

方丈有些发愁了，感叹道："阿弥陀佛，这可是很难的一件事，我们只是一座寺庙而已啊，怎么会有物品赠与各位施主呢？"

阿成说："正是考虑您所担忧的，我昨天一夜未眠，特地为贵寺量身定做了100把精致的工艺梳，还在每把梳子上均刻上了贵寺的字号，您看看，我还画了一个可爱的小和尚呢。拜佛香客中会有各种不同层次的人，在烧香过后临别之际，如果您能以一把精致的小梳子相赠，可以为高僧您和贵寺知名度。这样获得此极具纪念价值的工艺梳的人士，会因为感到贵寺很有人性化，这样一传十，十传百，您这寺院的口碑会相传很远的，这样就会有人慕名求梳，您看这种方法能不使香火旺盛吗？"

方丈听后赞不绝口，于是，阿成以每把 5 元的价格卖给方丈 100 把梳子。

大功告成，阿成兴冲冲地跑到家，向阿福炫耀自己卖梳子的经过。阿福听完，悄悄地低下了头，不动声响地走开了。

奇异风向标：同学们，我们看到，阿成在阿福的启发下，能够把头歪歪，连夜赶制 100 把精美的梳子，很有创意地在上面画了精美的图画，同时还刻上了这个寺院的名字，可见他的思维的开阔性，不再拘泥于梳子原来的简单的功能上了。

寺庙"卖"梳子

阿福听说后心想，连夜赶是制不出来了，然后就找来了自己的亲戚来帮忙。一个星期之后，大清早，阿福就携 1000 把梳子来拜见方丈。

阿福给方丈施礼后，首先问了方丈原来购买阿成梳子的赠送情况，看到了方丈对曾经的合作非常满意，便灵机一动说："那么，我今天要帮您做一件功德无量的大好事！不知您是否愿意？"

方丈马上询问原因，阿福将自己的想法向方丈描绘了一番："您看啊，寺院已经年久失修了，看看这佛像都破旧不堪了。"

方丈紧接着说："是啊，重修寺院，重塑佛像金身，这是本方丈的终生夙愿，但是我们寺院没钱啊，难以铭志，如何让寺院在我有生之年能获得相应的资助呢？"

奇思妙想一箩筐

　　阿福拿出自己准备好的 1000 把梳子，分成了两组，500 把梳子写有"功德梳"，500 把写有"智慧梳"，比起以前方丈所买的梳子，更显精致也更有意义。

　　阿福对方丈建议，在寺院大堂内贴上如下告示："凡来本院香客，如捐助 10 元善款，可获高僧施法的'智慧梳'一把，用它天天梳理头发，智慧源源不断；如捐助 20 元善款，可获方丈亲自施法的'功德梳'一把，拥有此梳，功德常在，一生平安自在。"

　　阿福接着说："如此一来，按每天 3000 位香客计算，若有 1000 人购智慧梳，1000 人购功德梳，每天可得善款约 3 万元，扣除我的梳子成本，每把 8 元，可净得善款 14000 元啊！您来算算看，每月能筹得善款是不是能达到 40 多万元？一年后，您的愿望就会实现的，难道您不是功德无量了吗？"

　　奇异风向标：同学们，大家看看，阿福在前面的思路的引导下，能够把头歪歪，开动脑筋，对事情进行深层的换角度考虑，最后一环接一环地将自己的愿望实现。如果仅仅是单项、单线的思维，肯定是不能想出这样的好对策的。好了，下次在生活和学习中，如果我们遇到难解的问题，不妨一步步地把头歪歪，换个角度去思考，这样会发现有很多解题的思路，会让大家的思路越来越宽的。

思维小故事

瓶子和硬币

　　找一个阔口瓶口，将一根木棒折成"V"字形，不要折断；然后将折成"V"字的木棒放在瓶口；再取一枚比瓶口小一些的硬币，放

在"V"字形木棒上。现在要求不用手接触"V"字木棒和硬币，让硬币落入瓶子中，该怎么做呢？

参考答案

只要在木棒上滴几滴水，水就会沿着木质纤维渗透，木棒就会潮湿，从而膨胀并变形逐渐伸直，这样硬币就会自动掉进瓶子里。

我最佩服的前任市长

某电视台的主持人邀请杭州市市长做了一次访谈。

主持人问这位市长："市长，您看杭州的景色多美啊！不知在您

的心中，最佩服的前任市长是谁?"

杭州市长稍作思考后，很轻松地做了回答:"我最佩服的前任市长，其实有两位。第一个就是唐代的白居易，第二个就是宋代的苏东坡。正是这两位市长，为我们后人建设了美丽的杭州，一个留下了白堤，一个留下了苏堤，他们还写出了 200 多首脍炙人口的广告词，从古至今大力宣传着杭州。"

杭州市长的回答，赢来了阵阵掌声。

同学们，大家知道为什么市长的回答能赢来阵阵掌声吗?

奇异风向标:因为我们一般人在思考时，都会用惯常的思维方式思考问题，都或多或少地受到有限时空的限制。我们看到，杭州市长却能够把头歪歪，一破常规思维，来个反其道而行之。他选出了唐代白居易，点击了宋代苏东坡。一个是刺史，一个是知州，都是掌管杭州市的清官，他们也相当于昔日的市长。于是，这位现任杭州市市长就转换了思维方式，他的思维方式是，及远不就近，说古不道今，回避了记者问题的难点，经过了智慧的变通，做出了有力又风趣的回答。

防盗绝招

有一个商场，年前一段时间发生商品被盗现象多次。商场经理决心要制止这一现象，采取了不少措施。

一开始在商场内的关键地方安装摄像头，想及时发现行窃的小偷。后来又增设警卫人员，增加缉拿小偷的专业人员。接着又悬赏高额赏金奖励抓住小偷的商场职工。看看采取的措施真不少吧，可是商品被窃的事还是时有发生。

一天，经理同商场的一位管理顾问谈起这件让他头疼的事，并向他征求意见。管理顾问考虑一番以后，提出了这样一个建议："那还不好办吗？你花钱雇两个小偷来，让小偷来商场里来偷东西，如果真的能够偷到东西，就将所偷到的拿走。"经理听后大笑，以为管理顾问不过是在说说笑话罢了。

管理顾问一看经理是这副表情，就严肃地解释道："你想啊，一旦小偷在偷东西时，被商场职工抓住了，就会被扭送到保卫科，然后再把他们偷偷放掉，让他们在商场里继续偷。职工们多次看到小偷行窃被当场抓住，他们的警惕性会大大地得到增强，识别抓小偷的本领就会提高很多。在这种情况下，我想技术再高的小偷，也难在你这商场下手。但是，有个条件的，这事不能先让你的职工们知道。"

经理点点头，但是对这样的做法半信半疑。他抱着试试看的态度，经试验，嘿，收效还真大。之后的几个月，这个商场都没有发生以前那种被盗事件了。

奇异风向标：同学们，大家能够想到这样制止小偷的方法吗？我们看到，这位管理顾问并没有按照大家的惯常思维方式去采取对策，而是把头歪歪，换了个角度思考，想出了一个很高明的对策——花钱雇两个小偷，让他们到商场里来偷东西，偷到的东西归他们所有。结果经理经过试验后，效果非常显著，使得这个商场在之后几个月内都没有再发生被盗事件。

缺瓣的牡丹花

一位姓张的大富豪，特别喜欢牡丹花。他家的院子里种满了牡丹花。有一天，张富豪采摘了几朵牡丹花，送给一老人，老人很开心，并将这些花插在花瓶里。

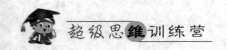

老人的邻居见到这些牡丹花，对老人说了这样的话："我说老兄啊，你看看这牡丹花，每一朵花怎么都缺几片花瓣呢？这可是很不好的，这是富贵不全的征兆啊！"

张富豪赶紧解释了几句，老人听后很有同感，不但不生气，反而又向他要了更多的牡丹花。

同学们，大家猜猜，这位姓张的富豪说了什么，竟能让老人如此高兴呢？

奇异风向标：这位姓张的富豪说："的确不假，这牡丹花确实缺了几片花瓣。但是老人家，您可知道这意味着什么吗？这意味着您富贵无边啊！"

我们看到，姓张的富豪并没有从老人的邻居的视角出发看问题，而是把头歪歪，转换思维方式。他知道牡丹花在人们的心目中是富贵的象征，而老人正是希望自己能够富贵。所以，就将这没有"边"的牡丹花，说成是富贵无边了。因为正合老人的意，老人自然非常高兴啦。

思维小故事

聪明的回答

闹闹花钱总是大手大脚，为了控制闹闹花钱，妈妈没收了他所有的零用钱。闹闹想要回自己的钱，一直缠着妈妈。妈妈被他吵得有点烦，便对他说："现在我这里有一个问题，你回答对了，我一定会把你的零用钱还给你。"

闹闹问："您的问题是什么？您快点说吧！"

妈妈问："你猜我是会还你零用钱，还是不会还你零用钱呢？你只能回答对，如果答错，肯定不会有零用钱的。"闹闹很聪明，很快就回答了妈妈。无奈之下，妈妈只能把零用钱还给他了。那么，闹闹是怎样回答妈妈的呢？

参考答案

聪明的闹闹用了一个疑问句，他说："妈妈，你不会把零花钱还给我，是吧？"如果妈妈回答是，就是闹闹说对了；如果妈妈说不是，就说明妈妈想要把零花钱还给闹闹。这样，闹闹就可以要回自己的零花钱了。

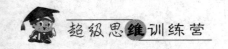

深山藏古寺

宋徽宗在位时，在朝廷举行《深山藏古寺》的命题绘画考试。前来参试的人成百上千，考生们绞尽脑汁构思绘画的内容。

不少考生在画面上画了崇山峻岭，一座寺庙耸立其中。

有的考生画面上满是山岭，其间"树"起一面寺幡。

有的考生画出两座巨峰，其间"现"出一角寺庙的飞檐……

宋徽宗走到这些画前看了看，摇了摇头，表示都不满意。

大家看到这一情景，不免有些担心。就在这时，一位考生把自己画的画交了上来。宋徽宗开始也是漫不经心地展开，可是这一看，不禁拍案称绝！

一幅画面呈现于眼前：满幅的崇山峻岭，其间飞泻下一股清泉，一位老和尚弯着腰在泉边，正在用葫芦做的瓢往桶中舀水呢。

同学们，你能看出宋徽宗为何如此赞赏这幅画吗？

奇异风向标：因为这幅画的内涵相当丰富，画的作者并没有像前面的一些作者一样，从常规的思路将寺庙的特征直接地表现出来。

在这位作者的画面上，我们并没有见到古寺的形影，但作者的画面却能够给观赏者以丰富的联想和充分的想象空间。

我们看，群山峻岭中间有山泉，山中泉水边有和尚，这就足以说明山的深处必然有寺庙。

接着看到，老和尚年迈，但是还要亲自去担水喝，这就说明，必定是年轻的和尚不愿枯守在这古寺中，纷纷奔走他乡了，那么也就只剩下这位老和尚留守在寺院中了，这样就能推断出，老和尚所住的寺院，应该是座年久失修、饱经沧桑的古寺。

作者通过间接的想象作画，最后赢得了宋徽宗的赞赏。

铅笔的用途

开学了，老师留给大山里来的学生第一篇作文，题目就是：《同学们，你知道我们的一枝铅笔有多少种用途吗?》

多数的同学，写出了铅笔是用来写字的。

但是小詹迪同学，写出了很多："在我没带尺子的时候，还能用来替代格尺画线；当同学生日的时候，我还能把它作为礼品送他表示友爱；我买本子的钱不够的时候，我可以用铅笔和同学换，或者卖掉；我家的门锁不好开时，我可以把铅笔的芯磨成粉后，灌进锁孔做润滑粉；我还可以用转笔刀削下的木屑，做成美丽的孔雀装饰画；在没有棋子的时候，我可以把一枝铅笔，按照相等的比例锯成若干份，当棋子；因为铅笔的杆是圆形的，我还可以用它作为玩具的轮子；在缺水的野外，喝不到石缝隙里的水，我可以把铅笔抽掉芯，拿杆当作吸管喝石缝中的水；遇到坏蛋了，我没法脱逃，我就用削尖的铅笔刺他……"

老师非常惊讶地看到，这位小詹迪同学能说出一枝铅笔的 30 来种用途。

奇异风向标：同学们，如果用这道题来考你的话，你能不能说出小詹迪所说的这些用途呢？小詹迪并没有仅仅从铅笔简单的初始用途出发，而是将思维的角度拓宽，拓展思维的空间领域，在不同的境况下考虑出铅笔的不同用途。我们一个人不管遇到什么困难，都应该相信自己的潜能，很多问题答案不止一种。我们要像小詹迪一样，把头歪歪，发散思维，挖掘自己的无限想象潜力。好了，遇到问题，大家

一定学着把头歪歪，变换思维角度，让自己变得更聪明。

思维小故事

不准离婚

　　马克和曼尼是一对夫妻，二人常因为对问题的看法不同而吵架。这样的生活二人都觉得非常疲倦，所以最终决定离婚。他们来到法院，请一位法官为他们做离婚判决。两人对法官说明了自己离婚的原因，

法官听完二人的叙述后，对他们说："我不能判决你们离婚，非常遗憾，你们还得继续生活在一起。"

法官为什么会这样说，他们为什么不能离婚呢？

**参考答案**

法官判马克和曼尼不能离婚，是因为虽然他们两个人说彼此对问题的看法、意见总是不一致，但是在离婚这个问题上，他们的意见是一致的，所以法官判定他们不能离婚。

握手之后

1954 年日内瓦会议期间，曾经有个美国记者，上前主动和我国周恩来总理握手，出于礼节周总理并没拒绝他，但很可气的是，这个记者刚握完手，就大声叫嚷道："真不该啊！真不该！我咋和中国的好战者握手了呢？"

这个记者边说边从裤兜儿里拿出手帕，不停地擦自己和周总理握过的手，擦拭后把手帕又塞进裤兜里了。

当时在场围观的人很多，大家都在观望周总理，看周总理在这种窘态下如何面对和处理。周总理微微皱了下眉，很从容地从自己的口袋里也拿出手帕，很随意地扫了几下自己的手，接着他把这个手帕扔进了拐角处的痰盂里。还说了一句："这个手帕再也洗不干净了！不能要了。"

奇异风向标：同学们，我们看到周恩来总理回应记者的举动，可以得知周总理变换了思维的角度。当时中美处于敌对状态，周总理把

当时的统治者与普通的美国百姓还是分开对待的：

他先是并没有拒绝普通美国记者的友好握手。但这个记者的本意纯粹是想使周总理难堪，握手后又装作懊悔得很，拿出事先准备好的手帕擦手。

周总理在他擦手之前，万万不会想到他会如此做，没想到这位狡猾的记者会在大堂里如此多的人面前让自己不下了台。周总理将思维方式转变了一下，同样也拿出手帕擦拭握过的手。

但是周总理并没有像记者那样将手帕仍塞回裤兜里，周总理擦完手后，径直把手帕扔进了痰盂里。周总理的举动表明：你的手帕还能用，而我的手帕因为擦过了这只握过美国居心不良的人的手后，已经沾染了你这无耻小人的病菌，不可能洗干净了，也就再也不能使用了，只能把它扔到痰盂里，与吐出的痰一样被丢弃了。

同学们，你看了这个故事，是不是也称赞周恩来总理思维的敏捷、机智呢？是啊，我们的周总理不愧为 20 世纪最伟大的外交家，是一位完美的外交家啊！

简易防盗锁

同学们，我们细看过家里的门锁吗？你注意到了没有，锁舌有个斜口，这样关门时轻轻地一带，门就关上了。

但是这种锁的防盗功能很不好。如果在门缝与锁头之间塞入硬片等，就很容易把门撬开，是很危险的。

有这样一位同学，他发明了一种被称为简易防盗锁的锁头。方法就是把门框上锁孔内侧焊个斜片，再把锁的舌头变成方形。在结构上，这位同学的设计正好和原锁反转的，这样的设计也不影响关门，如果碰上了小偷想从外往里撬门，就不那么容易了。

原因就是锁舌是方形，这样的设计是很不易被撬开的，大大增加了门锁的防盗性能。

奇异风向标：我们看到这位同学，从已有事物的相反功能去设想和寻求解决防盗的新途径，获得新的创造发明的思维方式。从已有事物的相反结构形式去设想和寻求解决问题的新途径的创造性思维方式属于结构反转。

同学们在面临新事物、新问题的时候，要学会从事物的不同方面看，把头歪歪，用不同角度来分析研究新事物、解决新问题。

跟思维的常规性不同，逆向思维是反过来思考问题，是用多数人没有去想的思维方式去思考问题。以这样的逆向思维处理问题，可以达到出奇制胜的效果。同学们，我们看到逆向思维的结果，让人喜出望外，别有所得，对吧？

学生会选举委员

某学生会委员实行差额选举，规定从 23 名候选人中选出 21 名学生会委员。常规操作方法是按学生代表的数量发出选票，名单上有 23 位候选人。大家拿到选票后"选出"自己同意的那 21 位候选人，投票后，由监票人进行唱票统计，最后得票最高的 21 位当选。这是司空见惯的做法，我们不会有疑义的。但是，我们都知道这种做法的效率是很低的。

突然一位同学站起来，他说："对于这个问题，我们要采用逆向思维，可以这样做的：我们每个人拿到选票，选出自己不同意的那两位同学，唱票时，每张选票也只唱两次，最后，谁的票多谁就落选。"

奇异风向标:同学们,大家看,选出每位委员所用的时间只有原来的不到1/10,每张选票的唱票时间也只有原来的1/10,大大提高了选举效率。

其实,大家认真地想就可以发现,这种做法效率不但提高了,还可以提高这些候选人和委员的压力感和责任意识。

同学们在选赞成的21位人选之时,都是从前往后打钩,只要能顺眼的就可能勾了,一般是位置靠后的两位候选人落选的几率大。这种落选人会认为是自己的名字所处的位置不佳。

而这位同学的方案,要同学们从23位候选人中择出两位自己认为是不合适的,无形中就加大了候选人的压力,他需要百般地注重自己的形象,改进自己的不足。对同学们来说,必须经过慎重思考,负责任地表达自己的意见。

由上面的这位同学提出的逆向思维方法,我们可以看到,生活中如果我们能做到自觉地运用逆向思维,就可以将复杂的问题大大地简化,并且能够提高办事效率。

电影说明书

1954年,周恩来总理参加日内瓦会议,通知工作人员给来参加会议的人放一部彩色越剧片——《梁山伯与祝英台》。

他们外国人能懂戏剧片吗?为了使外国人能看懂,工作人员写了10多页的说明书,呈现给周总理审阅。

周总理一看笑了,说:"对牛弹琴嘛!不看对象。"工作人员疑惑地说:"给洋人看这种电影,还真有点儿对牛弹琴吧?"

"这话,那就看你是怎么弹法了!"周总理说,"你看看你这十几页的说明书，就属于乱弹了，这个不行的。"

工作人员忙问："总理，那怎么办呢？"

周总理说："我给你换个弹法就是了，你只要在请柬上写一句话就足矣。"

工作人员认真地听着总理所说的话，并照办了。他们在请柬上写上：

"请您欣赏一部彩色歌剧电影，中国的《罗密欧与朱丽叶》！"

电影放映后，外国的观众们看得如痴如醉，不时爆发出阵阵掌声。

奇异风向标：同学们，我们看到工作人员按照正常人的思维方式，让外国人看中国的越剧，将越剧的简介写了 10 多页，可想而知，外国人肯定是看不懂的，当然属于对牛弹琴了。周总理将思维方式一转，只用一句话就将很复杂的问题解决了。大家看，在我们惯常的思维方式无法解决问题的时候，我们可以把头歪歪，将思维方式转换一下，问题就很轻松地解决了。

思维小故事

两盘草莓饼

女模特儿艾伦这些日子正同来自远东某国的一位浪荡公子打得火热，二人整天形影不离。艾伦垂涎这位公子囤积的珠宝，一心想将其据为己有。但这名美女也发现，这位名叫阿布卡的公子贪食超过贪色，于是她筹划在食物上做点儿手脚。

这天晚上，旅馆服务员给这对野鸳鸯送来了咖啡和草莓饼。当阿布卡快要把自己的那盘草莓饼都吞进肚子时，打了个嗝，眼珠翻了翻，

从椅子上摇摇晃晃地倒下去了。15分钟后，艾伦打电话找医生，惊动了正在这个旅馆住宿的名探比尔。艾伦把比尔请进了阿布卡的房间，阿布卡仍在昏睡。艾伦对比尔说，他在失去知觉前把自己那盘草莓饼都吃光了。也许阿布卡的那盘掺进了过多的药物。说着，她露出一口洁白光亮的牙齿。

　　警方人员到来以后，侦探比尔对警长说："如果阿布卡的珠宝被盗，艾伦的嫌疑最大。"你知道为什么吗？

参考答案

　　比尔认为艾伦没有吃放了药的草莓饼，所以如果发生窃案，案发时艾伦是清醒的。因为如果她吃过草莓饼，她的牙齿在15分钟后不会那么洁白光亮，而会因吃草莓饼而变红。

中国有多少个厕所

20 世纪 50 年代，一个美国记者曾经刁难当时我国的周恩来总理。

记者问道："总理阁下，你们中国现在有 4 亿多人，请问你们中国需要修多少个厕所啊？"

周总理明知这是无稽之谈，可是，在这样的外交场合，是不可能回绝的，周总理轻轻一笑回答到："两个！一个男厕，一个女厕。"

奇异风向标：同学们，我们看到美国记者无非就是想要刁难周总理，按照他的思维方式，中国的 4 亿多人得需要很多的厕所的，估计需要做个算式。可是我们的周总理换了个思维方式，中国人再多不过是男性和女性而已，这样就按照性别修两类厕所就足矣。这样在外交场合就占据了很大的优势。

多钻两个孔

生产瓶装味精的厂家，由于产品质量好，品牌已经打出去了，他们生产的瓶子内盖上有 4 个小孔，我们在用的时候，只需轻轻地甩几下就可以了，很方便，即使你的手上有水，也不受影响。

无论是在瓶子设计上，还是味精品质上都没问题，可是这一味精的销售量一直没什么进展。

经理就让大家想原因和对策。全厂的职工可谓绞尽脑汁了，但是还是没什么新鲜的主意，销量还是平平。后来一位开早点铺的女老板提了一条小建议。味精厂采纳了，这条建议给这个味精厂的销售带来

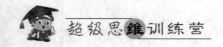
了30%的增加量。

奇异风向标：同学们，大家想到了吗？知道这个开早点铺的女老板提的是什么神秘的建议吗？建议是这样的，就是在味精瓶的内盖上多钻两个孔。由于一般人炒菜放味精时只是大致甩个两三下，4个孔时是这样甩，6个孔时也是这样甩的，结果在不知不觉中就多用了很多味精。我们可以看到她采用的是避开常规的思维方式——把头歪歪换个角度的思维方式，结果确实很见效果。

纸片上写的什么字

有一个大学毕业生名字叫刘迪一，一天他去求职面试。由于离考试地点远，等他赶到报考地点时，在他的前面已经排了20位求职者了，他排在正数的第21位，但是录取须知上说是在20人中选出一个人来。

刘迪一同学心想，我怎样才能引起老板的特别注意而赢得唯一的职位呢？

刘迪一沉思了一会儿，终于想出了一个好主意。他在一张纸片上写了几行字，让组织队伍的员工交给老板。

老板看到刘迪一写的字后，哈哈大笑起来，并且走到他的面前，用温情的目光打量他，亲切地拍着他的肩，点了点头。

同学们，大家想一想，刘迪一在纸片上写了些什么字呢？

奇异风向标：刘迪一没有从大家的惯常思维去思考，而是换了个思维角度，他在纸片上写道："先生，我排在队伍的第21位。在您看到我之前，请千万别忙着做出决定。"非常幽默地给自己留下了一个面试的机会。

第四编 故事篇

引子

很多小故事，犹如璀璨明珠，闪耀着人们无穷的智慧和高尚的道德光芒。故事虽然短小，但是其中寓意深长的道理，却能够给大家智慧的启迪。

啄木鸟医生

春天，在森林里一片鸟语花香，是绿树成荫，到处一派生机盎然的景象。

但是林中却有一棵大树叶子枯黄，一点儿也不挺拔，好像得了病一样，与周围的春意是那样的不吻合。

再往上看，大树的树杈上住着喜鹊一家。眼看着这棵大树就要病得不行了，喜鹊突然回忆起来了，就是这棵大树，去年也生过病。但是，当时是啄木鸟先生给医治的，啄木鸟先生用自己的嘴，给啄出许多条大虫子呢，后来大树就逐渐恢复健康了，到了夏天，也变得枝繁叶茂了。

喜鹊高兴地喳喳叫着飞走了，它飞去请啄木鸟医生再给这棵大树来治病。

啄木鸟一听是去年那可大树，心想：不就是那棵大树吗，它是我的老病号了，我太了解它了，走，肯定是老毛病又犯了呗。

啄木鸟跟着喜鹊飞到了大树旁边，径直来到了大树干的左边，一会儿工夫就啄开了一大窟窿，可是这次没找到一条虫子。

啄木鸟又飞到大树的右边，很快又啄了个大洞，还是一条虫子也没有找到。

啄木鸟一会儿飞到左，一会儿飞到右，看着大树干非常自信地对喜鹊说："老兄啊，这大树可是没的治了。你还不了解我啄木鸟吗？我包治百病，嘴到病除，闻名整个森林的。你也看到了，我左右开弓，已尽力了，但是没抓到一条虫子啊，病入膏肓了，无药可治了。我劝老兄你还是赶快迁居吧！别在这一棵书上吊死，说不定哪天'呼'的一下倒了，你的窝还不被摔坏了啊！"

喜鹊感谢过啄木鸟，相信啄木鸟治不好的病，别的医生也不可能再医治了，就这样，大树慢慢地枯死了。

一周后，忽然刮来一阵大风，大树咔嚓一声倒下了。正好那只喜鹊飞过，见到原来这棵大树今年是根部腐烂了，而去年是在树干上长虫子，不一样的。

奇异风向标：同学们，我们周围是不是也有这样的人呢？和这啄木鸟犯着同样的错误，到处自诩有一套独一无二的本领可以解决一切问题。他们只是从单一的角度考虑问题，不知变换角度去思考，一旦碰到问题就习惯用自己熟悉的老办法去解决，面对新的问题，不知道去换个角度去思考。我们要从这个小故事中吸取一定的教训。在遇到问题时，学会把头歪歪，换个角度看看，是不是有更好的方法。

老猫和狐狸

一只老猫在路上走着走着，遇上一只狐狸。狐狸扑通一声跳到旁边的河里。老猫吓一跳，"嗖"的一下蹿到路边的大树上。

一只小猴正好路过此处，目睹了发生的这一切，它挠了挠头，感到莫名其妙。于是，猴子就问狐狸："狐狸大哥，你为什么看到了猫，一下就跳到河里了呢？"

狐狸说："嗨！那不是我刚看到老猫的脑袋了吗，我以为是老虎过来了呢，吓死我了，所以我赶紧跳到河里，就是不想让老虎发现而已。"

猴子又扬起头来问老猫："猫姐姐，你为啥一见到狐狸就蹿上树梢了呢？什么意思？"

老猫说："哎呀！吓死我了，我看到狐狸的尾巴，以为是一条大蟒蛇呢，所以我一下子就蹿到树上了，以免被大蟒蛇发现啊，吓傻了我了。"

猴子说："哦，原来是这样，你们彼此都很怕对方的某一个部位啊，都能够进行联想。让我想想……"猴子想帮助老猫和狐狸。

猴子被认为是森林里的智多星，老猫和狐狸听说猴子愿意帮助他们，别提多高兴了。由于这两种动物每次偶然相遇，都会吓着对方，这样下去真不是办法，这回有智多星帮忙，它们高兴得不得了！

猴子得意地一笑，自己翻了翻眼睛说："我有主意了！"老猫和狐狸赶紧凑到跟前，想听猴子到底是什么好方法。

"你看看啊，你们一个怕大老虎，一个怕蟒蛇，其实这不过是你们身上穿的衣服，被对方误解了，你们来把衣服调换穿，不就谁都吓不着谁了吗？"

"就是，就是。这不就把问题都解决了吗，猴子你真聪明啊！"老猫和狐狸高兴得又是唱又是蹦的。

说换就换，老猫和狐狸迅速地将自己的衣服和对方换着穿了，心里别提对猴子有多感激了。

衣服这一换着穿，它们的同类和以前是朋友的动物，以为它们是怪物，再也不和它们在一起了。没有朋友太痛苦了，这只换了衣服的老猫和狐狸只好孤独地离开生养过它们的摇篮——大森林。

你知道它们去哪里了吗？穿着老猫衣服的狐狸就来到了现在的动物园，它就是我们看到的大花狸。那只穿着狐狸衣服的老猫，就是动物园中的大猫熊。在动物园里可孤独了，没有一朋友，因为离开了大森林，它们失去了本来的自我。

奇异风向标：同学们，从这个小故事你得到什么启发了吗？我们每位同学身上的都存在一定的优点，同时也是有不少缺点存在的，这是正常的现象，我们不要刻意去追求心中想象的那种所谓的完美，其实现实中是不可能存在十全十美的。我们不能单向思维，要学会把头歪歪，要会变通。不要用不切实际的方式来掩盖自己的不足，从另外一种角度看，你的不足也许就是自己的优势呢！

驼鹿落网

不管是在幽静的山林里，还是在广阔的草原上，所有的野兽中，最机智的要数驼鹿了。因为驼鹿竟然能知道猎人网张开的用途是什么，它们知道网张开之后，猎人接着就会把它们驱赶进网里面。所以，驼鹿见到此种情景，就会马上掉转身子，径直地往猎人身上撞去。

就用这样的方法，驼鹿可以一次又一次地逃脱猎人的追捕。猎人知道了驼鹿是如此的聪明，就开始想别的办法。他们举着网，假装走向前，去驱赶驼鹿，然后在自己的身后，把大大的网张开去捕捉驼鹿。由于驼鹿没有变化思维，还用固有的思维方式向猎人冲过来。但是，这次驼鹿就被猎人给捉住了。

奇异风向标：同学们，你看了这一故事，是不是感到猎人很聪明，而那驼鹿思维单一呢？猎人能够在一种方法行不通的情况下，把头歪歪，换个思维方式，来个逆向思维；可是驼鹿并没有改变思维方式，最后落网了。所以，当我们在遇到不同的情况时，不能像驼鹿一样，要能随着情况的变化而变化，采取不同的思维方式和方法去解决不同的问题。

瓦匠盖房

阿江、阿全、阿海兄弟三人都是瓦匠，房子盖得既漂亮又牢固，可见他们的技术是过硬的。这样渐渐就开始有了点名气，远近村庄的村民盖房第一个就会想到他们哥儿仨。

过了几年后，兄弟三人离开了农村到城市去打工。直到过年的时候，他们才回家，村民们见到这哥儿仨就去问："你们三人在城里都干些啥活？跟咱们农村一样吗？"

老大阿江说："哼！一样，也是去砌墙。"

老二阿全说："差不多吧，但是在城市里是去盖楼房的。"

老三阿海说："那当然是不同的了，我们去是在规划建设新城

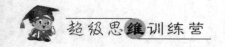

市呢。"

10 年过去，老大阿江还在人家的工程队做瓦匠，老二阿全成了建筑工程师，老三阿海则成了城市规划设计师。

奇异风向标：同学们，你能说一说老大阿江、老二阿全、老三阿海，他们 3 个人同是一家人，懂得一样的技术，并且相差无几，进城也是同样的待遇，可是为什么 10 年后会出现如此大的差别吗？

因为他们三人对待同一个问题，审视的角度是完全不同的，所以最终的结果差异也是天壤之别！老大阿江无论在农村和城市，都认为这是砌墙。老二阿全认为在农村盖的是普通的平房，到了城市是在盖楼房。老三阿海审视问题的角度方式是不同的，他认为在农村是在为改善生活条件而盖房子，进了城市，将自己的思维和眼界都放宽了，他认为是在规划建设新城市。

因为看同一问题的方式不同，造成了他们的命运也是不一样的。

聪明的驴子

农夫王老汉养一头驴。有一天，这头驴不小心掉进一口枯井里了。王老汉绞尽脑汁想救出驴，但几个小时过去了，驴子还是没能拉上来。王老汉很着急，驴在井里也很痛苦并哀叫着。

王老汉的脾气很暴躁，他看到救不出来驴了，就决定放弃了。他想，大不了再买一头驴去，不过无论如何，这口井还是得填起来。不然下次再掉进去，还是会出现这个情景的。

于是，王老汉就请来左邻右舍帮忙，一起往井里放土填埋这口井，顺便将井中的驴子也埋了。

王老汉的邻居们一人扛着一把铁锹就来了，把土铲进枯井中。这头驴子看到主人和邻居往井中扔土，似乎明白了自己的处境，叫得更加凄惨了。

但让大家很意外的是，不一会儿，这头驴子不叫了，安静下来了。王老汉心里很难过，毕竟这头驴跟他一起干农活 10 多年了，猜想到可怜的驴可能是被土埋上了，没气了。

又过了一会儿，王老汉伤心地想去再看一眼驴，他探头往井底一看，眼前的景象吓了他一大跳！驴并没有死，还离井口近了。

原来，大家铲进井里的泥土落在驴背部时，驴的反应相当敏捷，它将泥土抖落在一旁，然后站到刚扔进的泥土上面，等着大家再扔土。

就这样，它又把大家铲倒在它身上的泥土全数抖落在井底，然后再站上去。随着井里土不断增多，这只驴很快升到了井口，众人惊讶不止，驴快步地跑到主人王老汉面前，高兴地叫着。

奇异风向标：同学们，你是不是也很惊讶啊！这驴也真的太聪明了！驴没死，能够顺利跳出枯井，跟它的求生本能有关。我们在生命的旅程中，有时候难免会陷入"问题枯井"中，这还不算，还会有各种各样的"泥沙"同时倾倒在我们身上。

那么大家要想从"问题枯井"中脱险，那我来告诉你一个秘笈，就是把头歪歪，转换应对方法，将"泥沙"抖落掉，然后站到被抖落的"泥沙"上面去！

人生的逆境未必都是坏事，要看我们持什么样的思维去应对了。能够想办法渡过逆流，我们就会有更高层次的进步。

兔子种菜

大白兔雪儿和大灰兔萌萌，在羊年种了许多大白菜，赚了不少钱。

整个羊年，所有动物都学羊，猛吃白菜，白菜销量大增。

下一年，大白兔雪儿想："白菜特赚钱，今年我得将所有的地都种上大白菜，到时候我就可以成富翁了。"

大白兔雪儿沉浸在幻想之中。于是，它赶快翻地，把所有的地都种上了去年给它带来收益的大白菜。

大灰兔萌萌想：不行，我得多种几个品种的菜。因为，陀螺一个点着地，陀螺转不动了就得倒下，我不能只种一种菜。

于是大灰兔萌萌除了种白菜外，还种了萝卜和胡萝卜等等。

这一年是猴年，所有动物都学猴性，猛吃萝卜，白菜却很少有人要了。于是，这一年大白兔雪儿赔了很多钱，而大灰兔萌萌却赚了不少钱。

奇异风向标：同学们，你认为是大白兔雪儿聪明，还是大灰兔萌萌更聪明啊？大白兔雪儿不知随机应变，只按照自己的一种思维去种菜。而大灰兔萌萌能够把头歪歪，换角度思考，它认为思维方式单一就像那陀螺，容易跌倒，自己将思维发散，在思维上多个支点着地，就像我们做的课桌，有四条腿着地就会挺立不倒的。

乌鸦与鸽子

一只乌鸦从一个地方向另一个地方迁徙，飞行途中正好遇到了一只鸽子。

乌鸦和鸽子一起停在树上休息。

鸽子很奇怪地问乌鸦："你这么辛苦，为什么要离开这里呢？你想飞到什么地方去呢？"

乌鸦长长地叹了一口气说："其实我不想离开这里的，但是，你没看到吗？这里的居民都不喜欢听我的叫声，他们看到我就要赶我走，更严重的是还有人用弹弓子打我，没办法了，我得换个地方了，必须离开这地方了。"

鸽子好心地对乌鸦说："依我看啊，你恐怕是白费力气的。不是这里的人不喜欢你，是大家讨厌你的声音，你应该改变的是你的声音，这样才能受欢迎啊！"

奇异风向标：同学们，你看乌鸦，为了逃避而迁徙，你认为鸽子说的是不是很有道理呢？乌鸦总喜欢责怪别人，怪别人不喜欢它，责怪大家不欢迎它，或者埋怨环境不好。为什么不能像鸽子一样把头歪歪，转换一个角度去反省一下自己呢？我们在同学朋友中也是一样的，当我们不受尊重的时候，我们首先要做的事，就是要反省自己的为人举止，这样做就可能得到他人尊重及欢迎。如果我们不去反省自己，只想着去责怪别人和环境，那我们和这只乌鸦还有什么不同呢？

井蛙归井

从前有一只青蛙，长年在井里，它很想出来，在它的心里一直向往大海，它下定决心让大鳖带它去看海。

大鳖一听说青蛙让它给当向导，别提有多高兴了，这对于它来说还真是第一回，便欣然同意。

大鳖带着青蛙离开了井，慢慢前行，来到海边。青蛙平生以来还真是头一次见到一望无际的大海，不禁感慨地"呱呱"大叫，急不可待地扑入大海的怀抱中。

但是它怎么也没想到会被一个浪头打回岸上，掀翻在沙滩上，摔得它头都发晕，还喝了几口咸水。大鳖见状吓了一跳，马上让青蛙趴

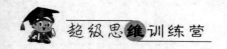

在自己的背上，还是自己带着它去海里游玩吧！

青蛙趴在大鳖的背上，漂浮在海面上，它们高兴极了，青蛙也逐渐适应了海水，能自己游一会儿了。就这样，它俩有说有笑地玩得很开心。

在大海中玩耍了一阵子，青蛙感觉口渴了，但青蛙是喝不了又苦又咸的海水的。青蛙也感觉到饿了，可是在大海中根本找不到一只自己可以吃的虫子。

青蛙感觉又是口渴又是饿，都快受不了了，对大鳖说："大海的确很好，但以我的身体条件，不能适应海里的生活。最要命的是，这里的食物，没有一样是我可以吃的。我明白了，我还是回到我的井里去吧，那里才是我可以生存的地方。"

青蛙向大鳖和它曾经向往的大海告别了，跳回到那口井中，恢复了原来平安快乐的生活。

奇异风向标：同学们，我们看到青蛙曾经对于大海简直是充满憧憬，但是只有自己在大海中尝试过才知道，自己并不能适应这种咸水环境。所以，当别人都十分向往一项事物时，我们要学会把头歪歪，换个思维角度看看，这是否适合自己。只有适合自己的才是最好的。总之，大家要学会换角度思考。

猫头鹰练嗓子

所有的动物都知道猫头鹰是有名的捕鼠能手，但是却从来没有谁出来给它嘉奖。

就因为这事，猫头鹰心里非常不是滋味。它每天都要想："这究竟是为什么呢？"猫头鹰就是想不出原因来。终于它自己觉察到了自己嗓音太难听了。它心想："我得塑造一个大家对我都能认可的新形象，从此决心向百灵鸟学习，练就一副动听的好歌喉。"

说做就做。第二天早晨天刚蒙蒙亮，猫头鹰就站在村头的大槐树上练起了嗓子。猫头鹰一口气练习了3个小时，直到太阳快升起来了才去捕鼠。但是很奇怪，日常工作开展得极不顺利。今天它在村庄附近的地里，竟然连一只老鼠也没看到。

第三天，猫头鹰选择了在晚上练。猫头鹰照例在大槐树上练完嗓子后才开始捕鼠工作。可是结果和昨天一样惨，没捉到一只老鼠。它想了两天也没想明白是怎么回事。其实，正是它的声音早将老鼠都吓跑了。猫头鹰不得不饿着肚子回家了。

为了能有一副好歌喉，第四天猫头鹰再次飞到了大槐树上。还没等开始练嗓，一群村民就拿着石头和棍子扔了过来。猫头鹰吓得落荒而逃。

猫头鹰万万没有料到，原本想讨取人们的喜欢，到头来却弄巧成拙，人们不但没有喜欢它，反而更加厌恶它了。

奇异风向标：同学们，我们看了这个猫头鹰，本来自己是动物中的抓鼠能手，这是它非常擅长的事情，但是它不顾自己的实际，去做自己不擅长并且没用的事情。如果猫头鹰能够静静地把头歪歪，转换一下思维方式，正确认识自己的优点和长处，就不至于使自己毫无收获，还荒废了抓鼠的本职工作。

蝉和狐狸

炎热的夏天，一只蝉在大树上"知了、知了"没完没了地唱，狐狸懒得动弹，就想在大树下设法吃掉那只蝉。

狐狸站在蝉的对面，故意赞叹道："哎呀，我太幸福了，能够听到您美妙的歌声！您不愧为天才的歌唱家啊！尊敬的蝉先生，您能不能下来一下，让我见识一下您那动听的歌喉？"

蝉往下一看，察觉狐狸有诈，就摘下一片树叶扔了下来，狐狸吃蝉心切，以为是蝉落下来了，猛地扑过去。

"哈哈，狡猾的狐狸，你还真的以为我要下去啊？"蝉对狐狸说，"自从看到你的粪便里夹杂着蝉的翅膀，我早就对你存有戒心了。"

奇异风向标：同学们，大家看看这只蝉，是不是很聪明啊！狐狸的"赞叹"，蝉并没有一时糊涂地听信，而是对此保持高度的警惕。蝉能够在紧急关头，把头歪歪，从另一个角度去思考，"觉得狐狸的赞美中有诈"，然后机智地用"扔下一片树叶"的办法来试探狐狸，最后狐狸的狡诈用心显露无遗了。

小白兔拔错了萝卜

兔妈妈在菜园中种了一大片的萝卜。萝卜从种子到发芽、从幼苗到长大，兔妈妈从来没有带小白兔来过田里。

一天，家里来了客人，兔妈妈把小白兔叫到身边说："你到田里给妈妈取回一个红心的萝卜来。"

小白兔一蹦一跳地来到田间。一地的萝卜，叶子绿绿的，叶子下面的大萝卜都有一半是露在地面上的。他从边上就能看到大萝卜有的皮是红的，有的皮是白的。

小白兔记住了妈妈的话，是让他拔下红心的萝卜回家。他抓住一个红皮萝卜的叶子，用力一拔，就从土里拔了出来。小白兔高兴地抱着大红萝卜跑回了家。

兔妈妈接过萝卜说："宝贝，我让你拔的是红心萝卜，你怎么拔回来的是白心萝卜呢？"

小白兔说："怎么会呢？妈妈你看，这萝卜皮红得发紫，怎么会不是红心的呢？"

兔妈妈说："孩子你过来看！"兔妈妈说着就拿起刀把萝卜拦腰切开了。

果然看到了萝卜的心是白的。

小白兔解释说："可是妈妈，我在田里只看到了这两样萝卜，有白皮的，有红皮的。我以为白皮的是白心的，红萝卜是红心的。妈妈让我拔红心的，我就把红皮的拔来了。"

兔妈妈说："孩子啊，那白皮的萝卜才是红心的呢！"

小白兔疑惑地看着妈妈。

兔妈妈说："这红皮萝卜，你就看外表红色的了，但是心是白的；白萝卜虽然外表如洁白的兔毛，但心是红的。光从外表来断定大萝卜心是白的还是红的就错了，所以拔错了啊！"

小白兔听了妈妈的解释，飞快地跑去菜地中，立刻拔了棵红心的大萝卜，回家切开拿给了客人吃。

奇异风向标：同学们，我们看到，小白兔开始犯了一个错误，它仅仅从表面上看就对萝卜的内心颜色做出判断，当然是不准确的。很多事物，外表和内心不一定完全一致。

我们看世界上的事物的时候，要知道有许多东西是表里不一的。这就要求同学们把头歪歪，学会换一个角度思考，即透过表面看实质，才会得出正确的结论。

奇思妙想一箩筐

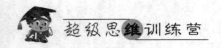

思维小故事

科学家的逻辑

3 位科学家一起去野外考察，天黑下来的时候，他们找不到方向，只能在原地露营休息。第二天早上起来时，其中两个人看到一个人脸上被画了鬼脸，3 个人都哈哈大笑。不一会儿，一位科学家不再笑了，因为他知道自己的脸上也被画上了鬼脸。那么，他是怎样知道的呢？

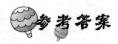

3 位科学家当中的任何一人看另外两个人的脸都笑，说明每个人的脸上都被画了鬼脸，所以这个科学家立即不笑了，因为他知道自己也被画了。

我做得有多好

汤姆是一个割草工，他打电话给一位琼斯阿姨："阿姨，您需不需要割草？"

琼斯阿姨回答："不需要了，我已找到了一位割草工。"

汤姆又问："那让我帮您拔掉花丛中的杂草吧！"

琼斯阿姨回答："不用了，我的割草工也都帮我做了。"

汤姆又问："阿姨，我会帮您把草与道路的四周割齐的。"

琼斯阿姨说："我请的那位割草工人也都做了。谢谢你了，我不需要的。"

汤姆便笑着挂了电话，汤姆的室友问他说："有毛病啊你！你自己本身就在琼斯阿姨那儿割草打工，为什么还要打这种电话？真的有病啊？"

汤姆说："我只是想知道我做得有多好而已。"

奇异风向标：同学们，大家说汤姆是有病吗？当然不是。他并没有从正面请琼斯阿姨对自己工作的好坏进行评价，而是不断地探询琼斯阿姨对是否需要更换新人，以此来检查自己的工作情况是否令阿姨感到满意。这也是在这一问题上汤姆能够把头歪歪从另一个角度上去

思考的好主意。

鸡和珍珠

鸡妈妈到处刨土，给自己和孩子们寻找填饱肚子的食物。突然，它在河边的一堆树叶中发现了一颗珍珠。

鸡妈妈看着珍珠惋惜地说："如果是人类找到了你，我相信人们会非常高兴地把你捡起来，视你为珠宝和财富。但是你对于我如粪土啊，一文不值的！因为我要寻找的是米粒，而不是财富。再多的珍珠都不如一粒米对我有吸引力。"

猎人带着一条猎狗来到森林里打猎，只要猎人打下猎物，猎狗在森林里都能寻找到。偶然间，猎狗看到了一棵大树下放有一袋黄金，它跑上前去，一看很懊恼："哎，我还以为找到主人打下来的猎物了呢！"

奇异风向标：同学们，大家看这故事中的鸡妈妈，再看看那条机灵敏捷的猎狗，是不是感觉到很可惜，并且感到有些可笑呢？它们都只是从自己的第一感觉出发去衡量物品的价值，它们觉得自己需要的东西才是最珍贵的，目光仅仅停留在此，不免有些短浅。

我们在生活和学习中也是一样的，当遇到事物的时候，我们需要把头歪歪，从不同的思维角度去看问题。同样的事物对于一类人可能价值不大，但是对于其他人来说也许是最珍贵的呢！

北风和太阳比赛

北风和太阳都是很具实力的赛手，它们都想证明谁的本领大，就决定进行一次比赛。

第一回合开始，路上走来一位赶路人。北风和太阳想比试一下，看谁先把他的外套脱下来。

北风呼呼地刮起来，越刮越大，北风想用最大的力气将赶路人的外套掀掉，可是赶路的人将外套裹得更紧了，并且蜷在一处不动了。

轮到太阳了，它把温暖的阳光尽情地洒在路人身上，赶路人越走越热，不一会儿，赶路人就热得受不了了，自己脱掉了大衣。

第一回合北风败了。

几天后，北风和太阳相约进行第二次比赛。

它们来到约定的地点，这时走来一个急着去赶集市的小伙子，这次北风和太阳比的内容是，看谁有本事将小伙子先送到目的地。

由于第一回合中太阳赢了，这次由太阳先出手。太阳想给北风一个下马威，施展出浑身解数，将热量释放在大地上，想让小伙子急着赶路。小伙子越走越热，最终热得汗流浃背，脱掉了外套赶路，可是肉皮晒得很疼，受不了了，他看见前面有一棵大树，立刻躲在了树下。太阳没办法了。

轮到北风了，北风开始刮了起来，小伙子忽觉寒冷，慢慢地冷得直哆嗦，他的脚步加快了，可是还是冷，最后他干脆小跑起来，让自己暖和些，不一会儿就跑到了集市上。

第二回合北风赢了。

奇异风向标：同学们，大家看到这北风和太阳的两次较量，你得

奇思妙想一箩筐

到什么启发了呢？我们看到它们都有自己的杀手铜。一般的时候，我们都喜欢沿着常人的惯性思维方式，顺着事物发展的正方向去思考问题，找寻解决的办法。但是通过这一故事，我们发现，对于某些问题，反过来想或许会使问题简单化，解决起来就会变得轻松。北风在第二回合中的杀手铜，就在于它敢于"逆向"思考，所以它成功了！同学们，我们在学习中遇到了难以解决的问题时，不妨学学北风的做法，或许你会发现更简单和省力的方法呢！

猴子与野鸡

从前有块吉祥圣地，远处有雪山，中间是碧绿的草原，还有茂密的森林，各种动物和禽类都在这里栖息。野鸡和猴子是邻居，它们之间互助友爱地生活了很多年。

它们是好邻居，猴子为野鸡采摘果实，而野鸡则帮猴子拣草。由于它们两家很友好，所以经常到对方家做客。

有一天，下雨了，猴子没地方去玩耍，就到野鸡家做客了。中午，野鸡做可口的蛋炒米饭来招待猴子。猴子非常感激，心想：野鸡如此款待了我，找机会我也要报答它。

一周之后，猴子邀请野鸡到它家做客，野鸡准时赴约了。

猴子模仿野鸡，卧在干草围成的下蛋窝的中央开始下蛋，可是怎么也没下出来。猴子的脾气就是急，它走下来，把干草窝搭在锅的上面，锅下还点上火，自己便卧在锅里继续下蛋。可是锅下炊烟缭绕，熏得猴子直流泪，还是没见到蛋的踪影。

猴子实在是受不了了，就从锅里跳了出来。这时，野鸡看见猴子被火燎得黑红的屁股，忍不住捂着肚子大笑起来。

就这样，野鸡的眼睛都笑红了，变成了红紫色；而猴子呢，屁股就变成了光秃秃的。

奇异风向标：同学们，大家看看，这只猴子模仿野鸡的下蛋动作，结果呢，自己的屁股被火烧了。我们为猴子模仿鸡的行为而感到可笑，为什么呢？因为猴子在遇到事情的时候，不会变换一下方式思考，自己是兽类，而野鸡是禽类，能一样吗？如果把头歪歪，转换一下思路就不会犯下这样的错误了。我们大家在学习和生活中，如果遇到一些问题，要学会变换思维方式哦！

好战的石头

在一个平静的小山村里有一块大石头，历经风吹雨打。石头凭借自己的阅历，认为自己强硬无比。

有一天，一只母鸡在地上下了一个蛋，石头见到鸡蛋，就骄傲地对鸡蛋说："你敢和我比硬吗？"

还没等鸡蛋回答，石头便一股劲撞了上去，鸡蛋被石头撞得流了一地，蛋黄和蛋清都流了出来。

石头见状，那个兴奋劲儿，别提多美了，它便到处炫耀自己的战绩。

第二天，阳光高照，它走着碰到一个闪闪发光的东西，很刺眼，石头有些吃惊，心想：什么东西啊？我得和它较量一下。

石头拦住了金子，要和金子比试一下，金子见状笑着说："不用了。"

石头认为金子是胆小，还像上次和鸡蛋比试一样，狠狠地撞了过去。但是，它发现金子并未受损，自己反而受了点儿伤。

石头吃惊地问："你能告诉我，你为什么这样厉害吗？"

金子回答道："你我都有自己的价值，但是并非都要通过一种方式来比高低。我的价值不是仅仅因为我坚硬这一点！"

石头正在回味金子的话，而感到莫名其妙的时候，走过来一个过路人，看到地上的金子，弯腰捡起来就放到口袋里，高兴地走开了；而石头依然在村落里继续经受风吹雨打的洗礼。

奇异风向标：同学们，大家看，好战的石头，一开始和鸡蛋比，确实显示出了它坚硬的优势，但是，在第二次遇上金子的时候，比赛失败了，你知道它失败在何处吗？因为它的思维方式单一，不像金子那样，能够充分地认识到了自己的长处，石头只知道自己坚硬，但是并没有去好好地发挥和利用，而是用在了一些无谓的事物上。我们在日常学习和生活中，可不能像石头一样哦！要充分地多角度地审视自己的长处，不能乱用，甚至用在一些没用的地方哦！

思维小故事

双料刺客

星期天，某公司总经理科尔正在公园的林阴小道上散步。忽然，一个年轻漂亮的女子同他打招呼。科尔问道："小姐，您是哪一位？"

那女子冷冷地说："我是一个刺客！"

科尔的脸色一下变得煞白，紧张得脱口而出："啊，你是那小子派来的吗？"并苦求饶命。那女子说："请别误会，我是来帮助您的。您的对头是不是 H 公司的经理？"

"是，是，在商业上，他是我的最大敌人，我巴不得他早点儿死

掉!"那女子用商量的口气说道:"这件事就交给我办吧!请您放心,我要让他无声无息地死掉——让他病死。至于采取什么办法,您最好别问了。而且,干掉他后再付钱,不要预付金,怎么样?"

"好!事成之后,重金酬谢!"3个月后,科尔听说H公司的经理因心脏病突发,治疗无效去世了。随后,在一个星期天的早晨,还是在那条林阴道上,科尔再次碰到那个女子,他如数付给了酬金,那女子迈着轻盈的步子走了。

那个女子用什么办法使H公司经理病死,从而得到一笔数量可观的酬金呢?

这个女子是某医院的护士,凭借特殊的身份知道H公司经理患了

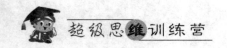

心脏病，并且知道他最多能活3个月，等到H公司经理一死，这位女子理所当然得到了丰厚的酬金，而科尔却被蒙在鼓里。

圆梦的蚕

有个岛名叫无名岛，在岛上生长着的树叫功利树，枝叶鲜嫩而茂盛。在这种功利树上生有一种蚕，这种蚕特别贪吃，再遇上这样鲜嫩的枝叶更是拼命地吃。它们每天就知道吃，即使已经吃饱了，也不肯停下来。所以这种蚕，基本上还没等作茧就都已经被撑破肚皮了。

在这棵树上还有一只叫大觉的蚕，它跟其他的蚕是不同的。大觉蚕一边吃着树叶一边观察其他的蚕，见到它们总是吃，直到身子变成了黄色，还坚持不停地吃，直到挣扎着死去。大觉蚕看到这些，觉得蚕的一生一世只为了吃，而感到很悲哀、很可怜。

大觉蚕的身子也正在变黄呢，它觉得肚子里像无端生出八万四千烦恼丝一样，纠缠在一起成了一团，堵在肚子里难受极了。怎样才能解脱呢？

一只蛾子一直看着大觉蚕。大觉蚕上来便问："飞蛾，依您说该如何呢？"

蛾子说："那还不好办啊，你就快把肚里的丝吐出来啊，结个壳把自己封起来，什么事情都不去想就是了啊！"

蚕说："把自己封起来有什么好？你没听说过作茧自缚这个词吗？"

蛾子说："你啊，先按照我的意思去做就是了，说了你也不会懂的，就照办吧！"

蚕又说："我存有疑惑啊，我们根本就不是一类的，你是蛾子，

— 148 —

属于飞行动物，我们是蚕，属于爬行动物，我们怎能相信你的话呢？"

蛾子说："其实我和你是同类的，只是生命处在不同阶段，形体不同，对于生命的觉悟度不同而已。我坚信，只要大家能及时地戒掉贪婪的习气，吐出肚中的淤积，舍弃对功利的执著，最终都是可以飞起来的。"

可是说了这些，树上的蚕还是无法理解蛾子的话，也不愿意相信蛾子的话。蚕一直坚信："我们的生命是非常短暂的，该享受时就要及时享受，这样才能对得起自己的一生啊！就是死也不能做个饿死鬼啊！要是信了蛾子的话，那才是傻瓜呢！"

蛾子费了半天的口舌，看对于这些蚕并没起什么作用，就叹了一口气，扇动双翅离开了。

蛾子飞走后，其他的蚕继续吃啊吃的，只有大觉蚕回想刚才蛾子说的一番话，越想越有道理。它就下决心照蛾子说的办法去做。这只大觉蚕离开群体，找一个不显眼的地方，按照蛾子的说法去吐丝了。

树上的蚕都劝不住它，眼睁睁地看着大觉蚕一口接一口地吐着丝，把自己一道又一道地捆起来，大家叹息不已。

大觉蚕把肚中的丝吐尽了，茧也做好了，便安静地待在里面，感受着身体微妙不可言的变化，整个生命存在于这一椭圆形的球体中，慢慢地变成了蛹。

就这样慢慢地度过了漫长的冬季。

眨眼之间春天来了，和煦的阳光唤醒了沉睡中的大觉蚕。它轻轻地蠕动一下身子，感受春天的温暖。大觉蚕感觉身体在不断地膨胀，但是又感觉有坚硬的外壳堵塞，它扭动着膨胀的身躯，最终破茧而出了。

破茧而出的大觉蚕，又见到了久违的阳光了，它看到自己真的成了一只蛾子，就像和它说话的那只蛾子一样美丽、一样潇洒。它试探

奇思妙想一箩筐

着振起双翅翩翩起舞，自在而轻盈。

这时的大觉蚕，忽然想起树上的那些可怜的同类，于是决定去找到那批蚕。它飞呀飞呀，终于发现一批还在吃的蚕。但是不是当时那批兄弟了，他们早在去年秋天就变成了尘埃。

大觉蚕看到这批蚕也是不停地吃啊吃啊，都开始发黄了，就赶快奔过去，告诉它们别吃了，抓紧时间吐丝作茧。

蚕同胞瞪大眼睛不解地看着这位天外来客，不肯相信大觉蚕的话。正在它快要灰心时，终于爬出来一只蚕，表示愿意按照它的话去做了……

奇异风向标：同学们，看了这个大觉蚕吐丝作茧的故事，你受到了什么启发了吗？大觉蚕能够将自己裹在里面，其实是在做一个比喻。按照人们常规的思维方式，这是在做了某件事，结果使自己受困。而我们把头歪歪，换一种思维方式思考，我们就会发觉大觉蚕，开始的吐丝作茧，表面上是在将自己困在茧，可是实质上，大觉蚕在为自己圆一个飞翔的梦。

大觉蚕安静地躲在自己作的茧中，不断地酝酿来年的春天，真的破茧而出，最终实现了飞翔的梦想。同学们，我们的学习也是一样的，从"作茧"到"破茧"需要经年累月坚持不懈地努力学习，在学习中大家要有自甘寂寞的忍耐力。